做AI时代的
高手

数字化生存极简法则

胡荣丰 秦添 著

电子工业出版社
Publishing House of Electronics Industry
北京·BEIJING

未经许可,不得以任何方式复制或抄袭本书之部分或全部内容。
版权所有,侵权必究。

图书在版编目(CIP)数据

做 AI 时代的高手:数字化生存极简法则 / 胡荣丰,秦添著. -- 北京:电子工业出版社,2025. 4. -- ISBN 978-7-121-49993-7

Ⅰ.TP3-49

中国国家版本馆 CIP 数据核字第 2025ZK5269 号

责任编辑:王欣怡　　文字编辑:刘　甜
印　　刷:三河市鑫金马印装有限公司
装　　订:三河市鑫金马印装有限公司
出版发行:电子工业出版社
　　　　　北京市海淀区万寿路 173 信箱　邮编:100036
开　　本:880×1230　1/32　印张:7.125　字数:204 千字
版　　次:2025 年 4 月第 1 版
印　　次:2025 年 6 月第 2 次印刷
定　　价:68.00 元

凡所购买电子工业出版社图书有缺损问题,请向购买书店调换。若书店售缺,请与本社发行部联系,联系及邮购电话:(010) 88254888,88258888。

质量投诉请发邮件至 zlts@phei.com.cn,盗版侵权举报请发邮件至 dbqq@phei.com.cn。

本书咨询联系方式:424710364(QQ)。

Foreword
前言

在这个数字化浪潮汹涌的时代，我们的生活仿佛被一股无形的力量牵引着，进入了一个全新、充满机遇与挑战的世界。智能手机、云计算、大数据、AI等不再只是科技圈的专业术语，已经成为我们日常生活中不可或缺的一部分。从智能手机到云计算，从大数据到AI，数字技术的每一次突破，都在悄然改变我们的生活及思维方式。

近年来，AI的发展速度更是相当惊人。从ChatGPT的惊艳问世，到DeepSeek的崛起，仅仅不到3年的时间，AI就像突然"开了挂"一样，变得越来越聪明，能干的事情也越来越多。这不仅让我们惊叹于科技的神奇，也让我们开始重新审视自己在这个数字时代的生存状态。

然而，与我们所设想的不同，数字技术并不会留给你深思熟虑的时间，也不会跟你打个招呼、互道姓名之后再和你交朋友，它已经悄无声息、如入无人之境一般，渗透我们工作、生活的每一个角落。譬如，我们买东西习惯使用电商平台和移动支付，我们出行习惯使用GPS和地图应用，我们查资料和润色文章习惯使用AI大模型……不得不说，以AI为代表的数字技术的发展，虽然为经济带来了新的增长机会，但也同样给市场带来了另一种面貌：

"萝卜快跑"在武汉的试运营引发成百上千万网约车司机、出租车司机的联合抵制；美国东海岸和墨西哥湾沿岸36个港口约4.5万名码头工人，因反对港口机械设备自动化而罢工，诸如此类技术取代"打工人"的新闻及其引发的尖锐讨论层出不穷。

从这一层面来看，我们不难得出更为尖锐的结论：数字技术的适应性发展和深层次应用的结果，是更多的人力被替代，更多的人处在"被失业"的焦虑之中，更多的企业面临"不转型，就要死"的重大风险……为此，无论个体还是企业，都不得不思考如何在新时代中重新立足。

对于人类个体而言，如何在享受科技便利的同时，确保自己的信息安全？如何在快速变化的社会中，找到自己的位置和价值，实现职业生涯的持续发展？对于企业而言，如何在数字化浪潮中把握机遇，利用技术创新推动业务增长？如何在激烈的市场竞争中，保持灵活性，不断创新，以适应不断变化的消费者需求和市场环境？

为了帮助个人和企业解答这些疑问，理解数字化背后的真相，笔者曾经结合在华为工作的多年数字化实践，以及为企业提供咨询服务时对数字化的深度研究与思考，撰写了《SDBE数字化战略到落地：迈向卓越企业的必经之路》（以下简称《数字化战略》）一书。这本书从理念认知到转型评估、从战略框架到方法模型、从操作实践到支撑平台，系统描绘了企业数字化转型的宏伟蓝图，详细阐述了数字化转型的路径与方法。

然而，《数字化战略》的专业与深刻，也让不少读者有一定的距离感。于是，在此基础上，《做AI时代的高手：数字化生存极简法则》应运而生，作为补充读本，它旨在以通俗易懂的语言为《数字化战略》的深刻内涵提供一个更为亲切的解读，也试图用生动有趣的文字让每个阅读它的人都能感受到数字化的温度和紧迫性。

本书主要从数字时代、数字技术、数字经济、数字创新、数字化转型及数字未来6个方面入手，通过生动的场景和案例，带领读者探索数字时代的真相，让身处时代漩涡的读者更好地了解数字化及其本质，助力企业更好地适应这个日益数字化的世界。当然，这个真相并不是指具体的、客观的事实，而是指数字时代背后的本质、规律和趋势，即通过深入分析数字技术的发展历程、应用现状和未来趋势，去揭示和阐述，以及让读者更好地理解数字时代的共同特征和发展规律。

第一，数字时代赋予了我们前所未有的连接性。无论个人之间的社交互动，还是企业内部之间的协同工作，甚至是跨行业、跨领域的资源整合，我们都在其中体验到了"紧密连接"

带来的便利。这种高度互联性不仅改变了我们的生活方式和工作模式,也为企业提供了更加灵活和高效的运营机制。

第二,数字时代是一个信息爆炸的时代。 随着大数据、AI等技术的发展,信息的生产、传播和处理速度都达到了前所未有的高度。这种信息爆炸既为个人提供了更多的知识和机会,也让企业的市场分析、客户洞察变得更加深入,但同时也让我们面临信息筛选、数据安全和虚假信息识别的挑战。

第三,数字时代是一个变化迅猛的时代。 技术的发展日新月异,新的应用不断涌现,旧的产业不断被颠覆。这种快速变化既带来了创新和活力,也带来了不确定性和风险。无论个人还是企业,都需要保持敏锐的洞察力和较强的适应能力,以此提升自己的能力和价值,应对快速变化带来的挑战。

通过揭示数字时代的这些真相,我们可以更好地把握数字时代的本质和规律,从而在这个时代中找到自己的位置和价值。与此同时,笔者认为,虽然数字技术具有强大的能力,但它们始终是人类智慧的产物。所以我们在享受数字化带来的便利的同时,也不能忽视其中潜藏的风险和挑战。

尼葛洛庞帝说:"我们无法否定数字时代的存在,也无法阻止数字时代的前进,就像我们无法对抗大自然的力量一样。"我深以为然。在未来几年,数字化给世界带来的影响将远超互联网在过去40年中给世界带来的改变。因此,我们要保持头脑清醒，不断学习和适应新的可能性，并加强与其他人的联系与合作，以应对这个时代的各种挑战和风险。

希望本书能引导读者穿越数字迷雾，在数字化浪潮中找到属于自己的生存新篇章，共同构建一个更加美好、和谐、可持续的数字未来。

胡荣丰

Contents 目录

NO.1
数字时代：重新定义生活和工作

1. 一切皆可数字化，全新的生活方式不断涌现 / 002
2. 高效率的"打工人"VS机器里的"幽灵"/ 013
3. 数字游民："反内卷"的自由主义先驱者 / 023
4. 电能转变成智能，百年一遇的生产力革命 / 030
5. AI时代，面对技术冲击，人类该如何自洽？/ 038

NO.2
数字技术：是"革命"还是革"命"

1. 技术，应该是为了让人类超越"更好"/ 048
2. 第四次工业革命为何是地球最后一次工业革命？/ 053
3. 云、大、智、物、移，构建万物感知、互联和智能的未来 / 059

NO.3

数字经济：是风口，也是险滩

1. 重温《数字化生存》与"打不死的华为" / 068

2. 数字经济——重塑人类生产与生活面貌 / 073

3. 危机四伏的商业丛林，如何寻找最优解 / 081

4. 物竞天择，数字时代的天道、商道和人道三统一 / 088

5. "活下去"是最低纲领，也是最高纲领 / 095

NO.4

数字创新：不创新就是最大的风险

1. 不创新比创新的风险更大——不创新就是倒退 / 106

2. "贸工技"或"技工贸"？数字创新不是简单选择题 / 116

3. "胜利"或"屈辱"：华为转让5G技术的真相 / 122

4. 现象级故事：华为Mate 60的发布创造了历史 / 127

5. 喝杯咖啡，一定能吸收宇宙能量？很可能只想上厕所 / 133

NO.5
数字化转型：不是可选题，而是必选题

1. 永恒＆无常：数字化是延缓熵增的变革 / 140
2. "机器换人" VS "软件换脑"：技术只是冰山一角 / 151
3. 企业转型的数字逻辑：转什么？怎么转？转到哪？ / 156
4. 来自数字时代的"新物种"——数字化企业 / 168
5. 数字化战略：站在未来看现在，未来与现在互锁 / 177

NO.6
数字未来：人类何去何从的终极思考

1. AI：硅基生命是否会取代碳基生命？ / 186
2. 虚拟与现实同在，社会该如何治理？ / 193
3. 网络战争如何与传统军事力量相媲美 / 199
4. 未来智能世界的畅想：元宇宙、数字能源与星际移民 / 204

NO.1

数字时代:
重新定义生活和工作

在这个由数据驱动的时代,我们的生活和工作方式正在经历一场深刻的变革。数字工具和平台重新定义了我们对于生活的期待,也赋予了我们新的工作模式,我们可以随时随地访问信息,工作也不再局限于办公室的四壁之内。在这个过程中,我们每个人有机会重新审视自己的价值观和目标,探索更符合个人愿景的生活方式。

1. 一切皆可数字化，全新的生活方式不断涌现

2024年8月29日，中国互联网信息中心（CNNIC）发布了第54次《中国互联网络发展状况统计报告》。报告显示，截至2024年6月，中国网民规模近11亿人（10.9967亿人），较2023年12月增长742万人，互联网普及率达78%。2024年上半年，中国互联网行业保持良好发展势头，互联网基础资源夯实发展根基，数字消费激发内需潜力，数字应用释放创新活力，更多人群接入互联网，共享数字时代的红利。

由此可见，互联网应用正在塑造一种全新的生活方式和社会形态，我们已经不可避免地进入了一个"数字社会"，开启了便利、便捷的"数字生活"。

"买个菜，扫码支付；停个车，无感响应；遛个弯，同步步数；登个机，亮码通行；转个账，云端汇款；聊个天，点开软件；吃夜宵，即刻送达；睡个觉，智测心律……"

"中国新四大发明"之一：扫码支付

2017年5月，来自"一带一路"沿线的20国青年评选出了

"中国新四大发明"，即高铁、扫码支付、共享单车和网络购物。其中，扫码支付这个轻松便捷的付款方式，一直是中国用户的心头大爱，无论去菜市场买菜，还是去商场买服装箱包，统统扫码搞定。甚至多数国人都还不知道中国人民银行发行了新币，说不定某一天这些人偶然间拿到了新币还要质疑一声："这怕不是假的吧！"

资料显示，全世界电子支付率最高的国家，是美国，几乎达到98%；而二维码支付率最高的国家，是中国。其实，虽然扫码支付被誉为中国新四大发明之一，但扫码支付所依赖的二维码技术却不是中国人发明的，而是源于日本，它最初是为了解决汽车零件的追踪问题而设计的。

那么，二维码是如何从一个工业用途的小众产品，变成一个影响亿万人生活方式的重要技术的呢？关键就在于一个人，一个中国人发现了它的巨大市场价值，他就是意锐新创公司的创始人王越。

王越是一个有着敏锐商业嗅觉和创新精神的工程师，他在2001年第一次接触到二维码时，就被它所吸引。他看到了二维码在移动支付等领域的巨大潜力，在思考了15天后，王越决定回国创业。

2002年，王越创办了意锐公司，并联合一批北大、清华、哈工大毕业的优秀工程师，共同研发了世界上第一款手机二维码引擎；2003年，他和他的团队成功获得了具有完全自主知识产权的二维码快速识读引擎，并申报了条码识读方法和装置的国家专利；2005年他们参与了中国二维码标准的建立，该标准现已成为ISO的国际标准。

除此之外，王越还有着卓越的商业运作才能。他通过与各大银行、电信运营商、商家等合作，将二维码支付推广到中国的各个领域。二维码支付因为便捷、安全、成本低等特点，受到了中国消费者的欢迎。王越也因为这项创新而声名鹊起，被誉为"二维码之父"。

当然，扫码支付能够在我国得到大规模应用，除了王越团队对于技术的引进和创新，更少不了马云这个移动支付改革的重要推手。在支付宝推出二维码支付方案的2012年7月以前，我国还有一段以运营商中国移动为代表的SIM卡方案和以银行、银联为代表的NFC（Near Field Communication，近场通信）方案的"战役"，虽然后来在央行2012年12月14日颁发的《中国金融移动支付系列技术标准》中确立了由银联主导的NFC-SIM卡方案，但最终被二维码迎头赶上。

就连腾讯早在2004年推出的基于即时通信软件QQ的在线支付服务——财付通（中国第一家第三方支付平台）也被支付宝压了一头。不过，在2013年微信5.0版本上线后，微信支付、扫一扫这两个重要功能在几个月后的春节，凭借"红包"这个中国习俗，轻松引爆了一次潮流。

2014年，京东支付、百度钱包、平安壹钱包、苏宁金融等多家第三方支付平台成立，纷纷以不同的形式切入移动支付市场。而阿里巴巴和腾讯这两大互联网巨头也开启了向用户疯狂"撒钱"的"补贴"模式，启动了对打车及线下市场的争夺。终于在几轮博弈后，阿里巴巴和腾讯都明白无法一家独大，支付宝和微信支付两分天下的局面不可避免。公开数据显示，支付宝和微信支付合计占据了移动支付超90%的市场。

"无现金社会"误读：谁剥夺了我使用现金的权利？

根据第53次《中国互联网络发展状况统计报告》，截至2023年12月，我国网络支付用户规模达9.54亿人，较2022年12月增长4243万人，占网民整体的87.3%。我国网络支付用户规模持续扩大，交易金额显著增长，助力国家支付体系高质量发展。与此同时，15.3%的网民使用过数字人民币，同比提升1.2%。数字人民币试点范围已扩展至17个省市的26个地区，应用场景从个人消费业务拓展到普惠贷款等对公业务，以及税收、助农等政务服务业务中，为服务实体经济提供有力支撑。

以上数据说明，我国对"无现金社会"的实践已经走在了世界前列。"无现金社会"当然有诸多优点，瑞典、芬兰、新加坡、印度等很多国家都将其视为节省社会资源的重要手段，纷纷大力推行"无现金社会"的建设。

但是我国在推行"无现金社会"的同时，也出现了一些诸如"只支持扫码,不收现金"等堪称匪夷所思的现象。相关部门2018年6月的一次调查显示,在受访的3万多名消费者中,37%的被调查消费者反映在过去1年内经历过"拒收现金",其中12%的人经历过10次以上;在受访的2万多家商户中,39%的被调查商户在过去1年中曾"拒收现金"。

2023年9月,本来应该是新学年的开学季,校园中随处可见家长给孩子报名的身影。但在网络上,有一段视频引起了广泛的社会关注。在视频中,一名家长指着桌上一叠钱称"一千三百六十元,我拿了一千四百元来,中华人民共和国的法定货币,他不要。"面对家长关于"这是不是人民币?有没有假的?"的质疑,旁边被称为"校长"的男子回应称,"没有假的,(网上缴费)这是局里的要求。"

网上缴费的目的是便于资金监管,确保缴费资金直接进入学校专户,避免可能存在的风险。但不可否认的是,由于新技术层出不穷,智能化、数字化让社会运转更加高效的同时,也给一部分人带来了一道难以逾越的"数字鸿沟"。

视频中的家长还是中青年,经过耐心指导,还是可以学会操作的,那么老年人呢?他们要如何适应?

这是摆在社会面前的一道必解题。

说到底,"无现金社会"并不代表绝对的"无现金",也不是要强行把一部分人排除在数字化、智能化的现代社会之外,而是消费者有选择支付工具的权利，商家则有提供多种支付方式的义务。

"无现金社会"不应消灭现金，而应积极推进银行卡、二维码支付、NFC、票据等多种支付工具的应用，满足消费者的多元化需求。无现金交易的优势当然值得肯定，但其发展不能以剥夺现金使用偏好者的权利为前提，我们要打造的是高效、便利的支付环境，而非为了无现金而推行"无现金社会"。

智能驾驶——重塑未来交通图景

衣食住行是日常生活的基本组成部分，智能化和数据化正在深刻影响我们的出行方式，引领汽车产业迈向重大变革。当前，智能化、联网化、电动化和共享化已成为汽车产业的主要发展趋势。在这一变革中，智能网联汽车及其核心功能——智能驾驶，正成为全球车辆工程研究的热点和汽车工业增长的新引擎。

通俗来讲，智能驾驶的研究和开发，就像赋予汽车"大脑"和"神经"，让它们能够像人类驾驶员一样，感知世界、做出决策并执行动作。而要实现这样的"超能力"，智能驾驶就要由三个关键部分组成，环境感知系统、决策规划系统和控制执行系统。

① 环境感知系统，就像汽车的"眼睛"和"耳朵"，利用各种传感器来感知周围的环境。这些传感器帮助汽车理解自身

状态和周围信息，无论道路上的其他车辆、行人，还是交通信号和路况，都能为汽车准确理解环境提供帮助。

② 决策规划系统扮演着汽车的"大脑"角色，代表了智能驾驶的认知层，能确保汽车在行驶过程中做出明智决策，比如加速、减速，以及避开障碍物。它包括决策和规划两个部分：决策部分定义了各部分的相互关系和功能分配，决定了汽车要如何响应环境变化及安全行驶模式；规划部分则用于生成安全、实时的无碰撞轨迹，即规划出一条安全的行驶路径。

③ 控制执行系统相当于汽车的"手"和"脚"，以实现车辆的纵向车距控制、车速控制和横向车辆位置控制等，是车辆智能驾驶的最终执行机构，它负责将决策规划系统的指令转化为实际动作。

如今，智能驾驶正飞速发展，各大厂商都在积极布局，以期在未来的市场中占据有利位置。特斯拉的FSD V12就是一个很好的例子，它采用了端到端的架构，结合全球领先的累计行驶里程，正在拓展智能驾驶体验的上限。特斯拉的智能驾驶硬件统一，成本优势突出，车端感知采用纯视觉方案，智驾SOC芯片自研，实现了高度垂直整合。特斯拉的云端算力储备领先，目前特斯拉云端算力为35EFLOPS，预计到2024年底，AI训练能力将提升至100EFLOPS。

2024年10月10日，在美国洛杉矶环球影城的华纳兄弟工作室片场,马斯克召开了一场名为"We,Robot"的发布会。会议期间,特斯拉"官宣"了两款车:一款是名为Cybercab的自动驾驶出租车(Robotaxi),没有方向盘和踏板;一款是名为Robovan的无人驾驶厢式货车,能搭载20人,出行成本为每英里10~15美分。

从技术视角看,不管是Cybercab自动驾驶出租车,还是Robovan无人驾驶厢式货车,它们都是AI的"硅基智能体"产物,都基于特斯拉Grok大模型、视觉算法、大数据和云计算,也就是事实上的"智能机器人"。在特斯拉之前发布的搭载FSD(Full Self-Driving)自动驾驶系统V12的Cybercab自动驾驶出租车的测试视频中,Cybercab自动驾驶出租车居然学会了"闯黄灯",在复杂路况下面临突然出现的"行人"和对面行驶的车辆必须二选一的"哲学命题"时,也会毫无延迟地选择保护行人,AI产物这样的进化速度正无限接近"碳基生命体"。

当然,国内的厂商也不甘落后。

华为的ADS 3.0系统率先实现了车位到车位的全栈贯通,其端到端网络架构的升级,使得信息传输无损,决策速度提升,智能驾驶更类人。华为的智驾系统硬件迭代节奏快,传感器数量减少,车端算力利用率提高,智驾硬件成本降低,使得高阶智驾方案得以快速下沉至更多车型。

此外,蔚来汽车、小鹏汽车和理想汽车等也在智能驾驶领域取得了显著进展。蔚来汽车的智驾系统方案已下沉至15万级车型，其全新一代智能驾驶系统，由感知大模型XNet、规控大模型XPlanner、大语言模型XBrain三部分组成，致力于提供更好的智能驾驶体验。小鹏汽车发布了AI鹰眼视觉高阶智驾方案，其端到端大模型的架构，使得智驾系统的逻辑推理能力得到提升。

这些进展不仅展示了智能驾驶的最新成果，也预示着我们将迈向一个全新的时代，自动驾驶将成为日常出行的一部分：车辆能够更加智能地感知周围环境，做出更加精准的决策，执行更加复杂的任务。这不仅能够减轻驾驶者的负担，还能提高交通效率，减少拥堵，减少环境污染。此外，智能驾驶还将推动相关产业的发展，如高精度地图制作、传感器制造、数据处理和分析等，为经济发展注入新的动力。

然而，不可否认的是，智能驾驶的发展也面临挑战。

智能驾驶的"AI与规则"之辨

2024年春节期间，华为智驾董事长余承东发布信息表示，自己从安徽老家开问界M9回深圳，全程几乎用的都是智能驾驶，但因法规限制，他的手不能长时间离开方向盘，于是导致期间两次被禁用智能驾驶功能。

余承东的这次春节归途，引发了社会对智能驾驶现状和未来治理的深刻反思。余承东开的问界M9，搭载的是HUAWEI

ADS 2.0系统。这个系统集成了激光雷达、毫米波雷达、高清摄像头等多种传感器，理论上能够提供540°的全方位感应覆盖，实现高速领航、城市领航、无车位线自动泊车等功能。然而，在法规的约束下，余承东的智能驾驶体验并不完美。

笔者认为，这一事件凸显了智能驾驶在实际应用中所面临的挑战，尤其是在法规和社会治理方面。

当前，大多数车企的智能驾驶级别停留在L2级，这意味着车辆仅能提供辅助驾驶功能，而非完全的自动驾驶。问界M9虽然被华为称为"无限接近L3的高阶智能驾驶"，但按照现行的国家和行业标准，它仍然属于辅助驾驶的范畴。因此，驾驶员必须随时准备接管车辆，以应对紧急情况。这不仅是因为技术限制，也是对驾驶员责任的明确要求。

可见，智能驾驶的进步，尤其是端到端大模型的应用，虽然提高了系统的决策精度和响应速度，但要实现真正的自动驾驶，还有很长的路要走，技术挑战、数据隐私、网络安全及法律责任等问题，都是智能驾驶全面上路所必须克服的障碍。此外，智能驾驶的普及还需要配合社会治理规则的变革，包括对事故责任、车险缴纳、AI刑事责任等方面的深入讨论和不断更新。

从历史来看，技术进步往往伴随着社会规则的更新。

以1865年的英国为例，当时的公众对路上横冲直撞的蒸汽机汽车不满，觉得"又吵又危险"，英国议会迫于压力通过了一部《机动车法案》。该法案规定，任何在道路行驶的机动车，必须由3人驾驶，还要有人在车前50米处挥动红旗引导，且机动车时速不能超过4英里。英国《机动车法案》的颁布恰恰反映了当时社会对新兴汽车技术的担忧。如今，智能驾驶同样面临类似的社会治理挑战。

当前，智能驾驶的法律责任尚不明确，事故责任通常由驾驶员承担，这无疑限制了技术的广泛应用。

所以笔者认为，未来智能驾驶的普及将依赖于社会治理的突破。我们需要深入讨论和更新现有的法律、法规，以适应自动驾驶汽车的广泛应用。这不仅是技术问题，更是社会问题，需要政府、企业和社会各方面的智慧和共同努力。

智能驾驶的发展，不仅是汽车行业的一次革命，还是对人类生活方式的一次深刻改变。它将重塑我们的出行方式，提高交通效率，减少事故发生率及环境污染。我们也期待自动驾驶汽车能够安全、高效地融入日常生活，带来前所未有的出行体验，同时推动经济社会构建一个新的技术生态。

2. 高效率的"打工人"VS机器里的"幽灵"

对于数字化，相信大多数人都保持着积极的态度，因为我们都很清楚，企业的数字化不仅能提高广大员工的工作效率和质量，减少重复性和低效的工作，让员工有更多的时间和精力专注于创新和价值创造；还可以带来更多的灵活性和便利性，让员工可以根据自己的喜好和需求选择工作时间和地点，实现工作和生活的平衡。

但是，数字化同样也可能导致员工的工作与生活之间界限模糊，难以摆脱数字设备和网络平台的干扰，难以拒绝来自领导和同事的工作要求，难以保护自己的个人空间。

捆绑生活和工作的即时通信

知乎上有个热度很高的问题："为什么国外不把邮件当微信一样发？"

多数回答都表示，微信这类即时通信软件直接把人的生活和工作绑定在了一起，教师需要24小时在线回复家长、学生的问题，普通职员也要秒回来自领导的消息，所以"看似提高了工作效率，其实把人的自由度大大降低了"。国外当然也有

WhatsAPP等即时通信软件，但是大家在工作沟通上仍然会尽量使用邮件，以此来对工作和生活进行划分。

一个高赞回答对此做了一个比喻，形象地把工作中使用微信和邮件的区别描述得通俗易懂，甚至把深藏其中的利益得失揭示得一清二楚："用微信和下属沟通，有点像皇帝和奴才的关系，随叫随到、不分场合、立马回应；用邮件沟通，有点像皇帝和大臣的关系，更正式、更有仪式感且对上位者的限制更多。"

当然，网友对于工作时间之外还要受到来自上司、同事的打扰，固然有一定的不满，但大家还是达成了一个共识，那就是微信、QQ只是软件，这些软件本身并非导致劳动者焦虑的罪魁祸首。

从客观上来讲，邮件交流确实有很多不便之处。但不可否认的是，微信等即时通信软件之所以能够从我们的日常联络工具转变为工作交流工具，很大程度上也是出于工作对接的需要。电子邮件、面对面交流等传统联络方式，虽然保证了公务处理的可行性，但是工作效率及效果和即时通信软件相比都大打折扣。

并且，当下这些应用即时通信技术的软件，它们对于企业办公的作用并不限于即时性的信息反馈这一个功能，还在于多种消息类型支持、即时文件传输、实时状态查看、群组沟通协作及移动性等诸多便利功能。

多种消息类型支持： 即时通信软件支持多种类型的消息沟通方式，如文本、语音、视频等，满足多样化的沟通场景需求。员工可以根据实际情况选择最合适的沟通方式，提高沟通效率。

即时文件传输： 即时通信软件通常支持文件传输功能，员工可以在软件内快速发送和接收文件。这避免了传统邮件附件传输的麻烦，提高了文件传输的效率。

实时状态查看： 即时通信软件支持实时查看消息传达的状态，员工可以直观地了解消息是否已被接收和阅读，便于及时确认工作进展。这种状态查看功能有助于提升发送者的体验，让信息传递者更直观地感觉到"我的信息是否得到反馈"，使工作对接更加及时和有效。

群组沟通协作： 即时通信软件支持建立群组进行多人沟通协作，可以根据企业内部的部门、项目等建立相应的群组，方便成员在群内对问题进行共同讨论和解决。这种群组协作方式使得团队成员可以更方便地展开跨部门或跨项目的合作，提高工作效率。

移动性： 由于即时通信软件支持移动终端如手机、平板电脑等设备的接入，员工可以随时随地进行办公，不受时间和地点的限制。这使得员工可以更灵活地安排工作时间和地点，提高工作效率和个人满意度。

其实，现在几家互联网大厂都相继发布了专供企业办公的即时通信软件，如企业微信、飞书、钉钉等，这些软件比微信这类生活即时通信软件更符合办公的场景需求，并且可以在一定程度上解决前面提到的因为"工私不分"而导致的员工自由度降低和私人生活碎片化问题。

职场人生存空间的一次次"溃败"

常言道"一山更有一山高"，身为上班族，好像总有过不完的坎，生存空间也在各种先进技术的夹攻下一次次"溃败"：前面是模糊上下班界限、霸占私人空间的即时通信，后面还有更离谱的"上网监控软件"和"厕所计时器"。

2022年，有网友发文称，其所在公司发通知，让人事部门下班后挨个检查员工手机使用时长，并表示上班使用手机时长将关系到员工能不能继续留在公司；还有的公司给员工使用智能坐垫，用以监测心跳、呼吸等身体状况，从而确认员工是否在工位上，并通过智能坐垫监测到的数据询问员工"工作时间为何不在工位"；以及在网上讨论得沸沸扬扬的"员工离职监测系统"，该系统可以监控员工的上网行为，通过统计员工浏览招聘网站、投简历等行为的次数，以判断员工是否有离职意愿。

相关报道虽然在网络上引起了热议，也有许多网友对此并不买账，但根据《中华人民共和国网络安全法》的规定，网络监控应当在必要的范围内进行。所以企业是有权利监控公司电脑的，企业对员工上班时间内的电脑操作进行管理也是可以的。只是公司对员工进行网络监控的合法前提是，要在事前告知员工，因为其毕竟属于通信隐私。

如今，"员工监控"已然成为一门生意。越来越多的公司通过购买和安装这些电脑监控软件，了解员工在做什么，限制员工行为，还能精确地统计出员工每个月在每个软件或网站上消耗的时间，监控员工包括聊天及上网记录和文件拷贝在内的一举一动。

公司就监控员工给出回应，表示主要出于三方面考虑。

（1）**防止员工滥用电脑**：一些员工可能会在工作时间玩游戏、浏览社交媒体等，导致工作效率低下，电脑监控软件可以及时发现这些行为；

（2）**保护公司机密信息**：电脑监控软件可以监控员工的文件操作和外部设备连接，防止公司的重要信息被泄露或外部存储设备被带走；

（3）**保障网络安全**：通过实时监控员工使用网络的行为，及时发现异常行为并采取相关措施。如员工在访问某个网站时，下载未经授权的文件，会带来网络安全隐患。使用网络监控系统，能够及时帮助企业发现这些异常行为，从而保障企业的网络安全。

如果说，出于以上这三个原因安装上网监控软件还能让员工表示理解，那么接下来的这件见证了职场人生存空间又一次被挤压的事件，就真的非常让人崩溃。

2023年4月，一个题为"大厂为了防厕所摸鱼有多拼"的词条登上微博热搜。话题下的热门微博中，几张显示多个互联网大厂在厕所里设置的"防摸鱼"措施的图片，引起了网友热议。

其中一张图片显示，某互联网公司在厕所坑位装计时器，以控制员工上厕所时间。在这张图片中，厕所每一个蹲位的上方都安装了一块显示屏，可以显示"蹲位内是否有人""目前如厕时长"。这一行为引来众多网友吐槽：

"监狱也不至于这样吧？"

"打工人是真的难。"

"窒息……"

当然这张图实际上早在2020年就被爆出来过，该互联网公司还特地在微博做了回应，表示安装计时器是为了测试每天卫生间使用次数和时间，便于判断需要增加的移动厕所坑位数量，本质上是为了解决办公楼里"人多坑少"的矛盾。但不得不说，这种内外施压的方式属实有点太不地道了，虽然这张图片只是一场乌龙，但谁也不能保证，这种严密、标准化的工作制度，不会用在职场人的身上。

困在机器和算法里的不只有外卖员

这世界的职场人千千万万，涉及千行百业，他们各自的工作场所、工作形式大不相同，要想去概括所有是非常不现实的。所以在这里，笔者打算讲一类工作。

这些年，随着自动化、数字化的发展，ChatGPT等AI技术的迅速兴起和应用，社交媒体上关于"AI大规模替代人类工作""未来最具竞争力的工作在哪里"等问题层出不穷，屡屡让普通人焦虑万分。但其实，很多看似自动化的工作背后，往往都需要人工的配合。比如我们当下最为熟悉的网约车司机、外卖员、快递员等，他们都是隐身于数字化浪潮背后的岗位，是机器里的"幽灵"。

2019年，人类学家玛丽·格雷和计算机科学家西达尔特·苏里共同发表了《销声匿迹：数字化工作的真正未来》一书。该书揭示了在AI和数字经济背后，隐藏着人类劳动力的事实。这支看不见的线上就业大军正不断扩张，它既不存在于现有的法律中，也未得到固有文化的承认，而算法"无意识的残酷"又给他们带来了诸多伤害。

真正驱动手机应用程序、网站和AI系统运行的竟是人类劳动力，但我们很难发现——事实上，这些劳动力往往是被故意隐藏起来的。这是个不透明的雇佣世界，我们称之为"幽灵工作"（Ghost Work）。

想想你最近一次在网上搜索。也许是一个热门新闻话题、喜爱球队的最新消息，或是新鲜出炉的名人八卦。你有没有想过，为什么搜索引擎返回的图片和链接既不包含少儿不宜的成人内容，也不是完全随机的结果？或者想想你最近一次浏览Facebook、Instagram或Twitter。这些网站都有"无暴力图片"和"无仇恨言论"措施，这些措施是如何执行的？

在互联网上，所有人都畅所欲言，只要有机会，人们就会说出各种各样的话。那为什么我们看到的内容是净化过的呢？答案是，人类和软件的协同工作为你和我这样的用户提供着看似自动化的服务。①

仔细想来，AI在推进自动化产业升级，取代越来越多的非技术性岗位的同时，也衍生了依靠人力劳动，将其作为自动化技术不可或缺部分的新工作。只是这些工作岗位上的劳动者普遍处于一个被隐匿的"幽灵状态"，消失于公众视野中，经受着缺少保障的生活处境。

按照书里的说法，他们是互联网时代的"数字化零工"，他们从事的这些简单、重复性高的非技术性工作不仅全面推动了AI革命的进程，也"哺育"了现今数字化经济的发展。而这一切都是由"自动化最后一英里悖论"所决定的：

---

① 玛丽·格雷，西达尔特·苏里著，左安浦译，《销声匿迹：数字化工作的真正未来》

在AI学习的过程中，不断需要人工去训练和纠错，当它实现某项功能时必然会产生更多的新任务、新应用，需要人类去解决。这些任务不断推进自动化的边界，以至于自动化的终点线始终在变而永远无法达至。简而言之，自动化的最大悖论在于"使人类免于劳动的愿望总是给人类带来新的任务"，数字化零工恰是为了适应我们"不劳动"所产生的劳动需求而存在的。

目前，许多被迫失业和下岗的人无奈之下挤进了人满为患的网约车和外卖行业，开启了他们的"数字化零工"生活，但是随之而来的新问题和新困境却不容忽视。

比如，这些互联网平台把劳动者定义为自己的"用户"，以"用户服务条款"取代具约束力的"劳动合同"，使劳动者在法律上既不受雇于平台也不受雇于企业。也就是说，劳动者不受劳动法与社会福利体系保护，若发生劳资纠纷，缺少维权申诉的渠道，只能由劳动者自负。

再如，外卖平台配送系统的"最优算法"并没有把天气、封路、骑手突发身体状况等意外因素考虑进去，定出不合理的超短配送时间，致使骑手们疲于奔命。如今，随着涌入的劳动者越来越多，骑手的酬金单价越来越低，导致骑手们不仅承担着超负荷的劳动量，完成任务后还有可能因为系统出错而拿不到酬金。

以上这些赤裸裸的现实都指向了一个核心问题，那就是要有适配的劳动保障及企业监管法规来对这些劳动者的权益进行保障。如今，实现数字化转型是我国实现产业升级的重要目标，社会的经济结构也正在经历急速变化。为了迎接未来就业市场的变革与冲击，构建与生产力适配的和谐劳动关系，避免劳动者的权益与尊严"销声匿迹"，还需要社会各层面以长远发展为目标，以及每个个体持续努力，共同前进。

3. 数字游民:"反内卷"的自由主义先驱者

2022年10月18日,一个题为"女子逃离大城市去鹤岗全款1.5万元买房"的话题引发全网热议,短短半个小时后,该话题就冲上了微博热搜榜第四名。对于这位女士的选择,虽然有一部分网友觉得这种"逃离大城市"的行为是年轻人不上进的表现,是对生活的"投降";但是更多的网友表示了欣赏和羡慕:

"在大城市当社畜,早过够了,你做了我不敢做的。"

"每天为了碎银几两从早忙到晚,过一眼就能看到头的日子,想改变,但是没那么潇洒。"

"我的工作性质要是这样,可能早就回老家了,在上海耗着干啥?"

"哪里生活成本低,就去哪里待着就好,这是我理想的生活方式……"

无独有偶,这两年网络上有个词很火,叫"FIRE",意思是"财务自由,提早退休",不少年轻人对此很是推崇,他们中的多数人想的都是"攒钱离开大城市,回老家或搬到乡下过怡然自得的生活"。实际上，虽然全国人口向大城市流动的趋势并没有变化，但是年轻人逃离北上广深等大城市，走向鹤岗这样的悠闲自得的小城市的情况越来越多。

什么是数字游民？哪些人会选择成为数字游民？

《2021年中国旅居度假白皮书》显示，超六成年轻人渴望选择办公地点不固定的工作方式，在工作的同时享受度假生活。比如，目前云南大理、浙江安吉、海南陵水、广西柳州等地就聚集着一群离开大城市、边工作边旅居的年轻人。他们多数是从小就接触互联网的一代人，从事写作、翻译、设计、摄影、社交媒体管理等无需身处固定办公地点，只要网络顺畅，随手都可以开展的工作，所以对他们而言，"家就是有Wi-Fi的地方！"

实际上，像他们这样过着有机会环游世界、结识各行各业的人、随时随地自由办公的生活的年轻人，我们称之为数字游民。这个称谓来自英文"Digital Nomad"，指完全依靠互联网创造收入，并借此打破工作与工作地点间的强关系，达成地理位置自由和时间自由，并尽享地理红利，全球移动生活的人群。可以说，他们过着一种被数字信息技术赋能的全新生活，在工作的同时，还能享受更高质量的生活。

当然，他们之所以会成为数字游民，一般围绕两个出发点。

"世界那么大，我想去看看"，这类数字游民，是热爱旅行、渴望在有生之年去世界各地看看的人；另一类数字游民，他们想要通过定居在生活环境更好、生活成本更低的地区，维持高收入、低成本的工作和生活状态，提升自己的收入，以达到早日实现个人经济自由的目的。

当然也有一部分人是单纯地想要远离大城市快节奏的生活、职场竞争文化和无效社交带来的压迫感，摆脱高房价、高消费、通勤时间久、内卷等压力，过上不工作的日子。对于这一类人，笔者并不准备把他们称为数字游民，因为成为数字游民的重要前提是要有稳定的收入来源。

数字游民并不等于无业游民，数字游民的自由，建立在有一定收入的基础之上。在后疫情时代，越来越多的公司为雇员提供了远程办公的选项，数字游民也成为更多年轻人的职业方向：程序员、设计师、撰稿人、插画师、数字营销者、职业投资人、自媒体工作者……可以说，脱离办公室的束缚之后，在数字游民的这块象征自由的田野上，不同职业的人开始出现在世界各个角落。

但并不是每个人都适合成为数字游民，虽然这种工作方式看上去极其自由，但也意味着更多的风险。

2022年初，一位95后自由撰稿人决定离开北京，去海南日月湾当一年岛民。在这为期一年的数字游民生活中，尽管作为撰稿人平时能靠稿费维持生计，但这位小伙子依然时常因为收入不稳定而焦虑。他在接受采访时表示：

"在海南，月入三千元，勉强可以维持温饱，月入五千元能吃喝自由，月入一万元可以存点钱。我给北京的一些公司写稿，结款慢是经常的事儿，比如一篇稿子过了一个季度才结算稿费，我都在海南玩了半年了，才收到稿费，饥一顿，饱一顿，还得催债，真的累了。身边那些真正松弛的数字游民，通常是有稳定事业的，比如坐拥流量的博主或项目预算充足的自由职业者。"

在认清了数字游民的生活真相后，2023年初，这位曾经的数字游民离开了海南，再次北漂，重返大厂，回到了熟悉的日常之中。

选择意味着失去，数字游民并非世外桃源

和枯坐在办公室或者产业园区相比，数字游民的生活方式似乎代表着一种自由、轻松、无拘无束的理想状态，让人憧憬不已。然而，选择这种生活方式并非毫无代价。因为你所看到的那些以数字游民身份生活得如鱼得水的人通常只告诉你旅居的快乐，而这份快乐背后，需要付出的努力，如超乎常人的自驱力、过硬的专业能力、抵御风险的壁垒，他们都不曾向大众提起。

多数人下定决心，尝试了一段时间后，才会明白选择自由，就要付出承担自由的代价，数字游民并非世外桃源，这种"自由"的生活方式，并不是"反内卷"的真正出路。

首先，数字游民的生活并不总是自由的，而是需要高度自律。很多时候，在成为数字游民刚开始时的生活闲散且舒适，但他们往往没有预见到在休闲场所工作可能会使工作和非工作时间之间的平衡成为问题。虽然因为生活与工作的分离导致的工作和休闲之间的紧张关系消失了，但事实上反而容易导致工作生活节奏混乱，从而模糊生活和工作的时间边界。

比如，一个数字游民在介绍自己的游民生活时提到，自己刚辞职两个月时曾接到一笔散单，"要在旅行路上随时随地打开电脑，因为甲方不会管你人在哪里、做什么，他们只需要你按时交付、快速修改并反馈……次数多了我甚至会产生一种幻觉：我到底有没有辞职？为什么比打卡上班还累？"

可见，数字游民必须学会通过制订合理的工作计划和时间表、创造合适的工作环境、管理时间和提高效率、保持身心健康及灵活调整计划等方法来平衡自由游玩与高效工作产出之间的关系。只有找到平衡点，才能真正享受这种自由和灵活的生活方式所带来的价值。

其次，选择这种生活方式意味着失去一些传统的社交方式。在固定的住所中，我们可以与家人、朋友和邻居建立深厚的情谊。在数字游民的生活中，这种社交关系可能会变得淡薄甚至消失。同时，固定的住所也可以为我们提供一种归属感和安全感，而在这种流动的生活方式中，这种感受可能会变得微乎其微。

因此，多位数字游民在接受访谈时表示，由于目前处于未婚育状态，还没想要"安定"下来，但随着年龄的增长，或者未来因为事业发展及找到另一半等，可能会在某一个地方定居，就此结束数字游民的生活。也就是说，在一部分数字游民眼中，他们当前所追寻的只是一种短暂的生活状态，所谓长期"诗意地栖居"，是无法实现的。

最后，数字游民的整体收入并不稳定，且他们的财务状况是向下流动的。所以，"先找一份线上兼职吧！"成为多数年轻数字游民的普遍心态。就这样，大多数数字游民成为"数字灵工"。

"数字灵工"指那些依靠网络等新技术进行工作的创意劳动者，主要以脑力劳动、精神劳动和情感劳动为核心，能够通过工作增加符号、经济、文化和社交等四种资本。

他们没有全职工作，依靠数字计件工作或零工就业过活，比如那些通过运营自己的社交账号在互联网平台上进行变现的博主或前文中提到的自由撰稿人等；与此同时，除了少部分人，大部分的数字游民几乎享受不到医疗保健及失业保险等福利。

一位年轻人初到大理生活,就开始水土不服,隔三岔五就闹腹泻。他先是自行购买了一些口服药物,非但不见好转,反而愈加严重,只得去当地医院。做完肠镜又要做CT,再加上治疗,各种项目下来,花销不少。又因全程治疗属于自费,因此又增加了几千元的开销。

"自由职业是一种工作方式,而数字游民是一种生活方式。"

在大城市里渴望摆脱内卷的年轻人,是否真的能挣脱身上沉重的枷锁,买上一张去往远方的长途车票,开始数字游民生活?笔者只能说,天下没有毫无代价的自由生活,数字游民只不过选择了更轻的枷锁。

4. 电能转变成智能，百年一遇的生产力革命

2022年11月30日，一款名为ChatGPT的AI应用程序横空出世，让人类第一次体验到了与AI的自然对话。这款由OpenAI开发的聊天机器人，不仅能够回答各种问题，还能够创作诗歌、故事、歌曲、代码等内容，甚至能够模仿名人的风格和语气。

不同于以往的AI模型，ChatGPT的对话系统是建立在对语义理解的基础上的，它通过将大量文本信息灌入模型，从而自行找到文本之间的关系，类似于一个小婴儿听人说话到自己开口说话的过程。从这个意义上来看，ChatGPT是第一款真正意义上理解了人类语言逻辑的AI软件。

自蒸汽机出现将热能转换为动能，开创了以机器代替手工的工业时代以来，无论科技如何发展和进步，我们基本上都是在"围着机器转"。比如汽车代替了马车，总要人去学习驾驶汽车；再如，我们平常办公用的电脑和各种复杂的机器，在投入生产时，也总要安排人去操作。也就是说，**尽管我们已经开发了各种平台、软件、机器等来赋能社会经济生产，但是驱动这些工具的核心还是人。**

而 ChatGPT 这种生成式 AI 的出现，则让人看到了"机器围着人转"的可能性，因为 AI 能够理解人类的语言逻辑，能够通过文字理解这个世界，并拥有了推理和创造能力。以后，人们几乎不用再去学习软件的用法，只需要对着机器说明自己的需求，它就能直接理解，并在相当快的时间内给出回复，我们只要稍微修改一下就可以直接使用，或者可能甚至都不用改。

所以笔者认为，**ChatGPT 的出现是百年一遇的大趋势，是可以将电能转换成脑力和通用智力，让以应用为核心的互联网转变为以人为中心的智能互联网，增加脑力劳动输出的一场生产力革命**。马化腾最开始说，他以为 AI 是一个十年一遇的机会，但现在他认为应该是百年一遇，并且认为它的意义不亚于蒸汽机的出现。

为什么说 AI 这场百年一遇的生产力革命，只有蒸汽机带来的影响能媲美？

因为这是一场由能量转化带来的变革，人类第一次能够将电能转换成脑力和通用智力。这不是我们以前说的区块链、元宇宙等科技变革能够实现的，原因就在于那些都是生产关系范畴内的变革，而 AI 则能够通过不断输出脑力大幅提升社会生产力。

大模型时代，算力是 AI 的核心驱动力

如今，距离 ChatGPT 3.5 发布已经过去快两年，其间 OpenAI

先后发布了在图像理解和信息处理能力上取得了极大突破的GPT 4.0，以及更强版本的GPT4 Turbo。而另一边，谷歌CEO桑达尔·皮查伊也在2023年12月官宣了Gemini大模型，这是谷歌自旗下类ChatGPT应用Bard问世以来最强力的更新，足见谷歌在AI大模型"军备竞赛"上的野心。

根据《中国人工智能大模型地图研究报告》，截至2023年5月底，国内10亿级参数规模以上的基础大模型至少已发布79个，而在美国这一数字为100个，全球累计发布大模型202个。AI大模型正在全球如火如荼地发展，我们也已经进入大模型时代。

大模型是什么？

大模型是大规模语言模型（Large Language Model）的简称。语言模型是一种AI模型，被训练成理解和生成人类语言的机器。这个"大"的意思是模型的参数非常大，参数越大，模型能够捕捉的数据就更复杂，所能够生成的内容就更准确。

GPT这样的大模型具有上千亿的参数，所以它能够通过对海量文本的学习，去统计词与词之间的关系，从而建立起一套逻辑系统，获得对这个世界最基本的认知，并产生基于逻辑的推理能力、创造能力和想象能力。它在短短的几年时间内，完成了人类花了整整300万年实现的进化。

之前有人对ChatGPT进行了瑞文推理IQ测试，结果显示其智商达到了155；而对于绝大多数普通人而言，IQ平均值也只有100。换言之，ChatGPT在智力方面已经超越了绝大多数人类，并且还在持续进化和提升。照这种趋势下去，从这些大模型中诞生超过爱因斯坦、牛顿的角色也说不定。

不过我们也要意识到，虽说以后行业和企业大模型肯定会越来越普及，但是像ChatGPT这样千亿参数的模型并不是每个公司都有能力搭建的，也不是每个公司都需要这种能力超强的AI，因为大多数公司的许多工作可能只要一个大专生、本科生水平的AI就可以完成了。

大模型需要大算力

AI这场百年一遇的生产力革命，是我们的最佳机会。

任正非认为："我们即将进入第四次工业革命，基础就是大算力。"所以华为从2018年开始就把愿景改成："把数字世界带入每个人、每个家庭、每个组织，构建万物互联的智能世界。"在这个愿景中，核心是构建智能世界，而智能手机仅仅是这个智能世界的一部分。

我们将如何打造这个智能世界，率先开展第四次工业革命？

华为给出了两条清晰的路线，即**AI和算力**。

在AI方面，因为美国率先推出了ChatGPT，于是经常有人问"中国的大模型与发达国家的大模型相比，还有多大差距？"猎豹移动董事长兼CEO傅盛对此的回答是"没有太大差距，一年内基本可以追上"。

追是肯定能追上的，不过笔者认为这里面还有一个关键，那就是算力。大模型对海量数据的处理，需要强大的算力做支撑。正如孟晚舟所说，算力的大小决定着 AI 迭代与创新的速度，也影响着经济发展的速度。算力的稀缺和昂贵，已经成为制约 AI 发展的核心因素。所以，**算力是 AI 的核心驱动力**。

根据《2021—2022 全球计算力指数评估报告》，国家计算力指数越高，对经济的拉动作用越强，并且在达到 40 和 60 之后，计算力指数每提高一个点，对 GDP 增长的推动力将增加 1.5 倍和 3 倍。我国当前的算力指数为 70，离美国的 77 还有一定的距离。

华为的目标是"致力于打造中国坚实的算力底座，持续提升'软硬芯边端云'的融合能力，做厚'黑土地'，满足各行各业多样性的 AI 算力需求；充分发挥在计算、存储、网络、能源等领域的综合优势，改变传统的服务器堆叠模式，以系统架构创新的思路，着力打造 AI 集群，实现算力、运力、存力的一体化设计，突破算力瓶颈，提供可持续的澎湃算力"。

这说明，华为对第四次工业革命是有着深入的思考和完整的国产化布局的，它在有意识地带动中国各行各业一起做最困难的事，它要用国产的算力、国产的 AI 大模型，将国内的各行各业有效地结合起来，从而实现更快进步。

AI是企业一把手必须亲自抓的战略工程

既然说到了AI这场百年一遇的生产力革命是我们国家的机会，那么对于企业而言，又该如何把握呢？对此笔者认为，每一家公司都该参与其中，任何一家企业都应该做好AI，并且只有企业一把手亲自带领企业行动起来，才能创造价值，创造未来。

学习AI的基本原理

当企业想要展开一个新领域的业务或研发新技术时，企业的一把手最好先对相关技术原理进行充分了解，因为只有这样才能把握整个项目的进展，做出更为理智、正确的判断。

所以在大模型时代，企业想要学习AI、应用AI，也一定不能指望仅通过招聘，挖来懂相关技术的团队就可以轻易实现。一把手一定要亲自去学习、了解，否则真到了项目进行时，你根本没法跟工程师对话。

比如任正非，虽然我们总听他说"我不懂技术，不懂管理，我什么都不懂，是下面一群能干的人推着我往前走。"但事实真的如此吗？他只是在谦虚而已！实际上，他作为一位卓越的企业家，不仅在商业领域拥有卓越的才能和丰富的经验，在技术领域也有着深厚的背景和丰富的专业知识。

踏实做好"最后一公里"

在数字时代，最难的其实不是大模型的开发和建立，而是提供真正能促使AI在各个行业内落地的解决方案的过程，也就是AI大模型与各个行业技术的融合及具体应用。

我们把这个过程称为行业/企业智能化的"最后一公里"。

就像我们现在做数字化转型，很多企业之前一直抱有一种只要在企业的业务和管理中嵌入数字化技术就是数字化转型的想法。这种想法当然不对，因为数字化转型从来都是复杂的变革，技术只是冰山一角罢了。企业的智能化也是如此，可能还涉及企业战略、文化、运营模式、组织结构、业务流程等多方面的变革与创新。

那么，企业如何走好"最后一公里"？

不同的行业、不同的企业，它的业务、流程、需求都是不一样的，所以要根据企业的具体情况来进行优化。笔者的建议就是使用大模型和小工具，要基于大模型这个基础底座，从企业业务流程的具体应用场景找到切入点，脚踏实地地完成企业智能化的"最后一公里"。

内部数据是核心竞争力

我们知道，目前ChatGPT生成回答的原理是：用户输入一段话，系统会根据这段话形成一个向量表达式去和大模型里的参数匹配，而在这个大模型中，它所能读取到的数据其实都源于互联网上的已有信息。

也就是说，如果所有的企业都是以同一个大模型为数据底座的话，大家能从AI那里获得的结果都是一样的。但是有些数据是独一无二的，那就是企业自己归档的、不上传互联网的内部数据，这些经历大量调研和规划、流程实践、讨论修缮的材料，都是企业自己私有的，ChatGPT是抓取不到的。

所以在大模型时代，这些企业私有的内部数据就是核心竞争力。如果能够在保障安全性的前提下使用大模型调用和读取这些数据，那么其根据需求生成出来的内容，肯定比依靠传统人力获得的内容更有价值。

5. AI时代，面对技术冲击，人类该如何自洽？

随着AI的不断进步，许多传统岗位面临被机器取代的风险，而新的机会也在不断涌现。在这样的背景下，无论就业者还是创业者，都不得不面对一个核心问题：在被技术不断冲击的今天，我们该如何自洽，找到自己的立足点和发展方向？

取代你的不是AI，而是会使用AI的人

如果要问AI会给人类个体的未来发展带来什么改变，笔者首先会回答"加速淘汰"。这是肯定的，也是必然的。前面我们强调过，AI这场生产力革命最大的特点在于能够将电能转换成脑力和通用智力，输出脑力劳动，也就是说当下的很多初阶脑力工作者会被AI替代。

甚至都不用等到未来，事实上，当下就有人因为AI失去工作。比如，2023年3月，心动网络创始人黄一孟在社交平台爆料，据他所知，已经有游戏团队把原画外包团队"砍了"。此外，一家游戏美术外包公司的技术总监透露，其所在公司在一个月之内将原来的38个原画师裁到了18个，原因在于原画师利用AI完成方案，工作效率能提升50%以上。

然而，AI给游戏、美术领域带来的行业震荡，只是一个开始。

根据就业服务平台Resume Builder 2023年2月的调查结果，在1000多家美国企业中，已经有近50%的企业使用了ChatGPT，还有30%的企业打算使用ChatGPT。其中已经上岗的ChatGPT肩负了写代码（66%）、文案或内容创建（58%）、客服（57%）、创建会议或文档摘要（52%）等多种工作内容。这还只是将近两年前的数据，更不用说这期间ChatGPT经过了更新迭代，功能越来越强，因此而失业的人也会增加。

可见，白领阶层所代表的脑力劳动力市场已经率先受到冲击。

与此同时，2024年7月，一向被看作"就业蓄水池"之一的网约车行业也受到了来自无人驾驶智能网约车萝卜快跑的"威胁"。萝卜快跑是百度旗下的自动驾驶出行服务平台，其无人驾驶出租车以极具竞争力的低价和新颖的无人驾驶体验，引发了不少网约车司机的担忧。他们担心自己可能会被这些不知疲倦的自动驾驶车辆所取代，从而面临失业的风险。

无独有偶，2024年10月，美国东海岸和墨西哥湾沿岸30多个码头的数万名工人举行罢工，要求涨薪，并反对港口机械设备自动化。我们不难从中看出技术取代工人的趋势在全球范围内产生的影响。不容置疑的是，一旦以AI为主导的诸多科技抢占了现有的工作，那么将对整个劳动力市场造成巨大打击。

因此而失业的人无疑会急速增长，无论来自港口、工厂的蓝领，还是写字楼的白领，他们要如何找到新的工作机会，以及社会该如何提供足够多的就业机会，将成为亟待解决的问题。这不仅关系到工人的生计和尊严，也关系到社会的稳定和经济的健康发展。

我们能因此而责怪这些技术的发展和应用吗？

笔者认为肯定不能，因为这就是技术进步带来的必然结果。就像汽车、火车的发明使得赶马车的车夫丢了工作一样，这就是世界的规则。**只要 AI 在推动社会生产力的发展，那它就必然会代替落后的生产方式。**而且准确来讲，并不是汽车、火车取代了车夫的工作，而是会开汽车、火车的人取代了只会赶马车的人的工作。所以，**未来的世界不是 AI 取代人类，而是会用 AI 的人取代不会用 AI 的人。**

因此，对于个体而言，如何避免成为时代的炮灰，从这场创造性的"毁灭"中绝处逢生？

笔者认为最关键的是主动学习，而且是认真学习。毕竟我们今天所看到的 AI 产品，本质上只是一个工具。我们不仅要认识它，还要学会使用它、驾驭它，让它为你所用。

否则，你只能沦为数字时代下的"车夫"。

永远用价值牵引自身的成长

任何事物都是趋向于无序和混乱的,职场上的人也是这样,久而久之,大部分人缺少危机感,丧失竞争力,只想守着眼前的一亩三分地,不期望也不乐意周遭的环境发生变化,尤其是面对AI这样的强大威胁。其实说到底,造成多数人失业焦虑的不是ChatGPT或者萝卜快跑,而是我们丢失已久的进取心。

一个人如果认为ChatGPT带来的是威胁,那么他在网上看到的必然也是威胁论居多,但实际上并不都是这样,也有一些人觉得ChatGPT带来的是"春天"。当多数人对于AI漠不关心、手足无措的时候,有些聪明人选择主动去了解、去学习,选择让其成为自己的有力工具。

而主动学习的这群人也自然而然成为了这场职场"淘汰赛"中的胜者。

因此,与其说AI的应用会让人失业,倒不如说它在帮助企业筛选那些混日子的"机器人",也就是那些每天只会干杂活的员工,从而留下那些真正拥有进取心,能够为企业、社会创造价值的员工。

当然,如果你还固执己见,认为应该抵制AI的发展,那么我劝你,及时收手,因为技术革命这个进程是不可阻挡的。唯一不变的就是变,所以我们唯一能做的就是永远保持开放的心态，接受新的信息，快速适应新的环境。

为此，无论程序员、艺术家、作家还是销售员，都要积极地拥抱技术，了解新的技术如何影响我们的生活和工作，并及时做出改变，学习新的技能，不断提高自己的专业性，以适应不断变化的工作环境。这才是不让自己落后于时代，不沦为车辙下的灰尘的最佳途径。

兵法有云，知彼知己，才能百战不殆。如果说拥抱技术、持续学习是对AI潮流的知彼，那么知己就是要找到并增强自己的核心价值，永远用价值牵引自身的成长。这些年来，很多企业都在反复提及一个事实：领导在衡量一个员工的时候，往往不是取决于他做了多少事，而是取决于他给公司带来了多少价值。所以无论你在哪个企业，找到自己的价值都是关键。

与机器相比，人类具有独特的优势和价值。例如，人类具有创造力、判断力、情感理解力等，这些都是机器无法取代的。因此，我们不能仅仅被机器所定义，而应该与之对抗，发掘自己的独特价值，注重培养自己的创造力、判断力和情感理解力等能力，以适应AI时代的工作需求。

与此同时，我们还要培养自己的创新思维和批判性思考能力。因为在AI时代，问题和挑战会更加复杂，我们需要运用创新思维和批判性思考能力，提出新的解决方案。

毕竟，尽管AI能够处理复杂的数据、高效执行任务，但它无法拥有像人类一样的情感和创造力。所以我们要让独立思考、创新、合作、沟通等的能力得到提高，用情感、情怀和对人类需求的深入理解，引领生活和工作方式的变革；用智慧的眼光看世界，以创新精神驱动我们的行动。

综上所述，我们生活在一个充满变化的世界里。面对AI的崛起，我们不需要感到恐惧，因为我们可以去适应它，并与它一起工作。我们还要理解自己的独特价值，不断学习和提升自己的技能，培养创新思维和批判性思考能力，用价值牵引自身的成长，发现新的可能，在这个快速变化的时代中立足，迎接一个全新而美好的未来。

数字世界属于冒险家

如果说"勇敢的人先享受世界"，是当代年轻人对压抑的生存现状发起总攻的口号；那么"数字世界属于冒险家"，则是信息时代，数字世界向我们递出的暗号。

其实无论过去、现在，还是未来，安于现状的人注定被淘汰，商业世界永远是冒险家的乐园。而技术的迭代和发展，又让商业世界变得更加复杂和多变。数字时代的到来，更是将商业的不确定性和竞争的激烈性推向了顶峰。越来越多的人意识到"冒险才是商业精神的核心"，也只有那些敢于冒险的企业才有可能成为行业的领导者。

在百度占领搜索引擎市场、微信称霸社交领域、微博盘踞娱乐媒体的互联网信息布局之下,张一鸣凭借今日头条、抖音在信息分发业务里开辟出了一条全新的赛道。除了对今日头条全新的定位,更重要的是张一鸣是一位不折不扣、敢想敢做的冒险家。

要知道,在今日头条发布之前,内容推荐算法在那些信息巨头的认知里,根本算不上新鲜事物,但就是没有一家大型平台意识到内容推荐算法的重要性。

于是,在业界一致不看好的情况下,张一鸣携今日头条、抖音等众多社交产品向信息分发市场证明了算法推荐技术的优越性,仅仅用了10年的时间,就以594亿美元(约3796亿元人民币)的身家,成为中国80后白手起家富豪第一人,名列中国富豪榜第2位(2022年《福布斯》),而他所创立的字节跳动也已然成为全球热门的独角兽企业。

如今互联网行业发展格局趋于稳定,中小企业乃至创业公司想要在这片商海中脱颖而出,冒险精神自然必不可少。而在数字世界中,商业竞争也将更加激烈——企业不仅需要应对传统竞争者,还需要面对来自跨界竞争者和科技公司的挑战。所以除了必要的冒险精神,企业和个人想要脱颖而出,拥有以下的能力是十分必要的。

创新思维:勇于挑战传统观念和思维方式,同时需要时刻关注市场变化和新技术的发展趋势,从中发现机会并尝试新事物;

敢于承担风险： 冒险通常伴随着风险，因此企业和个人需要具备承担风险的能力和勇气，在评估风险时能够理智分析并制订相应的风险应对策略；

学习与适应： 不断学习和适应市场的变化，提高自身的适应能力和应变能力，同时需要善于总结经验教训，不断完善自身的决策和行动；

合作与联盟： 与其他组织和个人建立合作与联盟关系，共同面对挑战和拓展新领域。

有了冒险的精神与必备的素质，其实也不能保证商业冒险从此万无一失。就像布鲁克斯在《商业冒险》中所写的12个经典商业案例一样，有人成功，也有人失败，只是成功与失败的经验，从来没有规律可循，没有人有百分之百的把握，也没有人有绝对成功的路径，因为"商业是一场冒险"。

但也不必因此气馁，**因为冒险家不一定是数字世界的赢家，但数字世界必定是属于冒险家的**。哪怕冒险的成功率再低，如果我们没有勇气成为冒险成功率的分母，又怎么敢说自己有能力成为冒险成功率的分子呢？

NO.2

数字技术：
是"革命"还是革"命"

数字技术的到来，如同一股不可阻挡的洪流，它以"革命"之名，引领时代的浪潮，却也以"革命"之势，深刻地改变着我们的世界。它赋予了我们前所未有的能力，去创造、去连接、去理解周围的一切，但同时也带来了对传统秩序的挑战，对社会结构的重塑。

1. 技术，应该是为了让人类超越"更好"

自人类学会使用石头磨制简单工具起，技术就一直是我们生活的推动者和改变者。只不过在21世纪的今天，我们能够以前所未有的速度和强度感受到技术的影响力。

也许在石器时代，技术只是一块经过打磨的石头，它帮助人类更好地狩猎、打斗和生存。而今，在数字时代，技术已经从实物转化为影响生活各个方面的无形力量，并从各个层面重构整个社会，这也让我们对人类的未来有了更大、更深的期盼——**我们不仅期望技术来帮助我们过上更好的生活，更希望能以此推动人类实现个体和整体上的超越。**

我们追求物联网、云技术、AI、区块链、虚拟现实，因为它们代表了集中力量的可能，可以成为我们连接和走向未来的桥梁。如 AI 目前已在医疗、金融、交通等诸多领域提供解决方案；区块链有望为全球贸易、保险业等创建一个分布式的信任体系，能够大大降低交易成本；虚拟现实正在改变我们的娱乐方式……

但技术并不只给人类带来机遇，其中所潜藏的危险我们也不能忽视。

技术究竟是造福人类还是超越人类？

1895年，德国机械工程师威廉·伦琴发现了X射线；在此基础上，1898年，法国化学家皮埃尔·居里和玛丽·居里发现了放射性元素；1908年，物理学家欧内斯特·卢瑟福和放射化学家弗雷德里克·索迪发现铀的放射性是原子分裂的结果。这3项发现推动了科技在世界范围内的发展，同时也永久地改变了人类历史的进程。

其中，索迪在放射性方面的研究引起了全世界对核反应的关注，德国、美国纷纷开始研发自己的核武器。1945年8月6日和9日，美国分别在广岛和长崎投下了这个秘密武器，那两朵于空中炸裂的蘑菇云彻底将人类带到了核战争这一无可挽回的威胁面前。就连爱因斯坦都连连哀叹：**"让我害怕的是，我们的技术已经超越了我们的人性，这一点已经变得非常明显。"**

如今，随着AI、区块链、虚拟现实等技术的发展，我们似乎又一次站到了技术与人性的临界点。

在日常生活中，当我们游离在互联网的各种产品之间时，我们的身份、个人数据及行为没有任何安全保障，它们沦为了一种可以用来置换利益的资源。而在互联网内容分发领域，内容算法推荐技术虽然提高了信息筛选的效率，但实际上破坏了我们作为个体的自主选择权，因为算法本身并不能完全代表我们自身。也有一些学者认为，自动化和机器学习的发展已经威胁到了许多传统行业的工作岗位。除此之外，AI的快速发展也让我们开始思考机器是否有可能获得和人类同样的认知，因为这可能会导致伦理和哲学等方面的诸多问题。

对此，卡洛斯·莫雷拉和戴维·弗格森在《超人类密码》中批判道："这个问题比经济问题大得多。在全球生态系统中，人类生活面临着一个明显的现实威胁。我们是存在的顶峰，头顶着创造的皇冠。但我们在不知不觉中创造了全球历史上最大的敌人——现代的科学怪人。"但他们同时也认为"我们仍然可以控制故事的结局"且"必须心甘情愿且明智地行使这种控制权"。

于是我们更应该认清，**"技术的本质应该是让人类自由地做自己"** 这一现实。也就是说，人类的精神和愿望的本质是自由，不只是做自己的自由，还有表达个人信念的自由，以及成为我们能成为的最好的自己的自由。而技术，归根结底是个工具，是用来解决问题、改善生活，并保障我们自由的工具。

为此，我们在追求技术、运用技术的时候，必须优先考虑人性，以人的需求为出发点，以人的利益为最终目的，确保技术使用的公正、公平，尊重人的自由和尊严，而不是陷入技术进步的狂热之中，同时要防止技术的滥用和错误使用。

技术的功过之间只存在2%的差别

我们常说科技是一把双刃剑，它既有好的一面，也有坏的一面。但笔者认为，它绝对不是一个不偏不倚的中立的存在。**如果用百分比来衡量的话，科技所带来的好处占比为51%，而引发的问题占比为49%。**虽然二者之间只存在2%的微妙差别，但如果将这个比例放在时间的长河之中，我们就会看到差别有多么巨大。

例如，前面提到的原子弹。就笔者个人看来，原子弹本身绝对不是一项"好的发明"，因为它会剥夺人的生命，剥夺人们选择的权利和所有可能。

但也不得不承认，当把原子能与发电联系在一起时，就能给人类提供更多的可能和选择。因为电力能驱散黑暗，拓展白昼，赋予时间新的意义；同时电力蕴藏着无尽的能量，可以将人工劳作机械化、自动化，提升社会生产效率……甚至激发人们的创造力，产生更多的可能。

在这个例子中，原子弹与核电虽然都来自原子能，却是完全相反的两种技术：一个会抹杀所有可能，另一个则会拓展更多可能。当然，像这样的例子并不少见，毕竟无论AI还是基因工程等任何一种技术，能够解决多少问题，就有可能引发多少问题。

其中的差别只有2%。

从历史的进程来看，第一次工业革命开始至今不到300年，但人类世界却产生了翻天覆地的变化。可能具体到每一年的变化并不明显,但近300年来,人类的寿命确实更长了,我们所生活的世界虽然仍有局部冲突,但也确实更加安全了。我们的世界在过去的年月里,一点一点积累,才终于走到了今天。

虽然平均下来每年的进步可能不到1%,但我们一直在持续进步、从未止步,这都是技术带来的变化。从这一规律来看,人类未来的发展方向,也会像过去那样向着"更好"前进。

也许有人看到这里,会觉得笔者过于乐观,毕竟在生活中我也发现不少人认为这个世界只会越变越糟糕。对此,笔者的解释是,他们之所以会产生这种想法,是因为微小的进步很难被觉察。毕竟51%和49%之间的差距不大,在短时间内也很难分辨。况且出于人类的天性,人们本来就很容易就把注意力放到问题上。这也就是传统媒体和新媒体都更喜欢关注社会负面新闻的原因,但其实新闻并不能反映真实的现实世界。

事实上,即便我们每一年只能进步不到1%,但只要这个进程持续上百年,势必会有一个令人惊喜的结果在终点等着我们。这就跟300年前的人绝对想象不到我们今天的生活一样:他们不会想到我们能视频通话,也不会想到我们能机械作业,更不会想到人类能够飞天入海。

但这确实就是人类文明走过的轨迹。

从办公室的窗户往外看,目之所及的高楼大厦、井然有序的车来车往,不就是数百年不断进步的最好证明吗?

2. 第四次工业革命为何是地球最后一次工业革命？

每隔百年，就要发生一次工业革命：18世纪60年代开始，以蒸汽为动力的发明不断涌现，人类社会由此进入了蒸汽时代；19世纪70年代开始，电力的广泛使用，让人类进入了电气时代；20世纪四五十年代开始，大规模集成电路的兴起和普及，推动了世界经济的数字化和信息化进程。如今，新一个百年又将到来，第四次工业革命正在发生。

第四次工业革命：工业4.0

第四次工业革命是以互联网+、AI、大数据、云计算、5G等新兴技术为驱动，引发的产业技术革命和能源革命，进而推动人类社会从信息时代向智能时代演进。

2013年，德国政府首次提出"工业4.0"战略，并在汉诺威工业博览会上正式推出，其目的是提高德国工业的竞争力，在新一轮工业革命中占领先机。德国学术界和产业界认为，"工业4.0"概念是以智能制造为主导的第四次工业革命或革命性的生产方法。

该战略旨在通过充分利用信息通信技术和网络空间虚拟系统——信息物理系统（Cyber-Physical System）相结合的手段，推动制造业向智能化转型。因此该项目主要分为三大主题。

智能工厂：重点研究智能化生产系统及过程，以及网络化分布式生产设施的实现；

智能生产：主要涉及整个企业的生产物流管理、人机互动及3D技术在工业生产过程中的应用等。该计划将注重吸引中小企业参与，力图使中小企业成为新一代智能化生产技术的使用者和受益者，同时也成为先进工业生产技术的创造者和供应者；

智能物流：主要通过互联网、物联网、物流网，整合物流资源，提高现有物流资源供应方的效率，需求方能够快速获得服务，得到物流支持。

简单说来，"工业4.0"就是一种先进的生产模式，强调用信息化和自动化技术代替人工操作，实现机器与机器、人与机器、产品与生产线之间的智能化交互，目的在于通过集成信息物理系统实现智能化制造和实时管理，以提高生产效率、降低生产成本、优化生产过程，创造更多的价值。

通过5G技术实现的高速度、低延迟、泛在网，将有力支撑万物互联；云计算通过IT技术的交付和使用模式，使巨大的系统资源池以"云"的形式提供使用，无需大规模资本投入即可便捷访问；物联网通过部署具有一定感知、计算、执行和通信等能力的各种设备，实现设备与设备之间或设备与中心之间的连接与信息交互……

在"工业4.0"战略指导下，德国制造业不断向数字化转型，使得传统生产方式得以改变，产能得以提高。而这也在全球范围内引发了新一轮的工业转型竞赛。

美国：高级制造合作

美国在对第四次工业革命的筹备过程中，强调产业、学术界和政府之间的紧密合作。通过"制造USA"计划，美国已经建立了多个高级制造研究院，旨在推动先进制造技术的发展，以保持全球领先地位。

日本：社会5.0

日本把第四次工业革命视为构建"社会5.0"的契机。其采取了一系列措施，包括推动创新、鼓励数据共享、加强AI和机器人技术研究等，以期在AI、物联网及大数据等新兴领域取得突破。

韩国：I-Korea 4.0

韩国制定的第四次工业革命战略为I-Korea 4.0，重点是发展核心技术（如AI、区块链和大数据），并大力投资智能制造、智能城市和虚拟现实等领域。

英国因为率先完成了第一次工业革命，所以成为了近代以来第一个超级大国；德国和美国在第二次工业革命中领先，所以迅速崛起成为一代强国；在第三次工业革命中，美国率先进入信息化时代并在这一过程中取得了绝对优势……

笔者认为"工业4.0"之所以备受追捧，正是因为大家都有此共识：**谁抢先完成了这一次工业升级，谁就能在未来世界竞争中占据领先优势。**

对我国而言，想要在这场竞争中获胜的愿望更加强烈。

因为闭关锁国，我们缺席了第一次和第二次工业革命，第三次工业革命也只在改革开放中抓住了一点发展的尾巴。以数字化和智能化为代表的第四次工业革命，我们必须迎头赶上。当今全球竞争主要为企业间的你争我夺，只有为企业争取到发展机会，形成强大竞争力，国家才能持续强大，在世界范围内拥有话语权。

最后一次工业革命？

在各国如火如荼开展工业改革的嘈杂之声中，有一个声音尤为清晰——工业4.0将是最后一次工业革命。

一部分学者认为，在制造业互联网或工业互联网的发展趋势下，无论从制造模式来看，还是从产品来看，物质产品和服务都将被电脑存储和处理的信息所取代，即在这种趋势之下，制造业本身将有可能不复存在，或是制造业继自动化、智能化之后将不会再有突破。

"就产品而言，随着信息技术在制造业领域的广泛渗透，互联网、AI、数字化嵌入传统产品设计，使产品逐步成为互联网化的智能终端。汽车将不仅仅是一个电子产品，更将是一个网络产品，或大型可移动的智能终端，具有全新的人机交互方式，通过互联网终端把汽车做成一个包含硬件、软件、内容和服务的体验工具。

就制造模式而言，工厂的集中生产将向网络协同生产转变。信息技术使不同环节的企业实现信息共享，能够在全球范围内迅速发现和动态调整合作对象，整合企业间的优势资源，在研发、制造、物流等各产业链环节实现全球分散化生产。这也使得传统信息技术企业有机会更多地参与到制造业之中，而传统制造企业则向跨界融合企业转变。企业生产从以传统的产品制造转向提供具有丰富内涵的产品和服务，直至为顾客提供整体解决方案，互联网企业与制造企业、生产企业与服务企业之间的边界日益模糊。"

然而，笔者认为这是对工业4.0的一种误解。工业4.0是制造业的数字化、智能化和自动化，但这并不代表制造业就会因此消失。

与其说工业4.0是对制造业的一种毁灭，不如说它是对制造业的重塑，从而形成一种新的、更高效的和更灵活的生产模式。实际上，工业4.0背景下的产业变迁是一个从"重制造"向"轻制造"，从"制造中心"向"服务中心"转变的过程。制造业从仅仅关注产品制造延伸至产品全生命周期的服务，如产品设计、预售咨询、售后服务等。这种转变更多是产业形态上的转型，而非制造业的瓦解。

而说到制造业在经历了自动化、智能化之后，将不再有任何突破，笔者认为这样的观点其实过于悲观。无论工业革命如何，制造业都将持续存在并发展，制造业的进步不会停止，而会持续发生。因为制造业产出的物质产品是人们生活的基础和支撑，是构建现代社会必不可少的。

所以归根结底，**未来的制造业可能会变得更智能、更自动化，但"制造"的本质不会消失**。

3. 云、大、智、物、移，构建万物感知、互联和智能的未来

人们曾经感叹于《阿凡达》中潘多拉星球这个共生体系的奇思妙想，并认为人类可能还需要千万年才能进化到这一步。但随着科技的迅速发展，万物感知、万物互联甚至万物智能的时代对人类来说也已经不再遥远。

数字化世界的技术基础：云、大、智、物、移

什么是云、大、智、物、移？

（1）云计算

云计算是一种基于互联网的新型计算模式，它以虚拟化技术为基础，将数据、计算、存储等资源和服务通过网络进行集中管理和调度，为企业和个人用户提供高效、灵活、可扩展的计算和存储服务。

云计算具有超大规模、虚拟化、高可靠性、通用性、高可扩展性、按需服务等特点，可以实现资源共享、减少硬件投入成本、提高数据处理能力、增强网络服务能力等目标。

随着技术的发展和应用的深化，云计算已经广泛应用于各个领域，包括金融、制造、医疗、教育等。它可以帮助企业提高IT效率、降低成本、提升竞争力，同时也为个人用户提供更加便捷的在线服务。

（2）大数据

大数据是指无法在一定时间内用常规软件进行捕捉、管理和处理的数据集合。这些数据具有5V特点，即大量（Volume）、高速（Velocity）、多样（Variety）、低价值密度（Value）和真实性（Veracity）。大数据需要新的处理模式才能具有更强的决策力、洞察发现力和流程优化能力。

随着信息技术的快速发展和普及，大数据已经渗透我们生活的方方面面，甚至成为现代社会发展的重要驱动力之一。大数据不仅可以为企业提供更快速、更准确、更智能的数据分析和决策支持，同时也在互联网、AI、生物技术、新能源等新兴领域扮演至关重要的角色，是推动经济发展和促进社会进步的重要力量。

（3）人工智能

人工智能是一种研究、开发用于模拟、延伸和扩展人的智能的理论、方法、技术及应用系统的新技术，它是计算机科学的一个分支，旨在生产一种能以人类智能相似的方式运转的智能机器。人工智能的应用领域正在不断扩大，其中包括但不于机器人、语音识别、图像识别、自然语言处理和专家系统等。

如今，人工智能不仅成为金融、医疗、零售、制造业、能源、交通等各个行业的重要支撑，作为数字经济时代最重要的通用技术之一，同时也成为人们生活中的重要助手，在智能家居、智能交通、智能健康等领域为人们的生活带来更多便利。

（4）物联网

物联网是指通过信息传感设备，按约定的协议，将任一物体与网络相连接，物体通过信息传播媒介进行信息交换和通信，以实现智能化识别、定位、跟踪、监管等功能。可以理解为，物联网将所有日常用品与网络连接起来，使这些物品能够收集和交换数据，以此提高效率、减少浪费，提供更加贴合用户需求的服务。

物联网的应用非常广泛，最典型的就是智能仓储、智能物流、智能交通和智能家庭领域。在这些领域中，物联网可以帮助人们更好地管理物品，提高生产效率和服务质量，同时也可以为商业和工业领域带来更多的机会和收益。

物联网可以看作数字世界的神经末梢，它在数字世界与物理世界之间架起桥梁，可以通过传感器、执行器、控制器等设备，采集、传输、处理各种物理信号和数据，将它们转化为数字信号，再通过互联网、云计算、大数据等进行处理和分析，最终实现智能化决策，为人们的生活和工作带来更多便利。

（5）移动互联

移动互联是移动互联网的简称，指的是互联网的技术、平台、商业模式和应用与移动通信技术结合并实践的活动的总称。它是一个全国性的、以宽带 IP 为技术核心的，可同时提供传真、数据、图像、多媒体等高品质电信服务的新一代开放的电信基础网络。

移动互联的出现和发展，不仅改变了人们的生活方式，也推动了社会经济的发展。在当今社会，移动互联已经成为拥有最大市场潜力、最快发展速度、最光明发展前景的一项科技产物，创造出了庞大的经济财富，并获得了一大批的顾客群。同时，移动互联的发展也催生了许多新的职业和产业，如移动应用开发、大数据分析、物联网等。

当前，移动互联已经成为现代社会不可或缺的一部分，其在生活中的应用场景非常广泛，包括但不限于移动支付、移动电子商务、移动医疗、移动办公和移动社交等。

移动互联是数字世界的重要组成部分，它让我们通过移动设备随时随地连接互联网，获取各种信息和服务，从而实现数字世界的全面拓展，同时也推动了数字经济的快速发展。

云、大、智、物、移，是人类朝着理想的数字世界前进的一个个脚印。我们终会将其留在身后，然后一步一步向未来走去。

数字世界的畅想:"云、管、端"三位一体

2021年,在智能手机业务受到重创后,华为创新性地提出了"云、管、端"架构。"云、管、端"是华为未来信息服务的新架构,是指包括云平台、网络管道和智能终端在内的基础设施,旨在通过云计算、网络和终端的协同,实现信息服务的整体优化。

"云"指的是云计算和云服务,包括应用云和存储云等,主要解决海量信息的处理和存储问题。云计算的发展使得我们可以将大量的数据和计算任务交给服务器,从而提高数据处理能力和效率。

"管"指的是网络连接和管理,包括网络IP化、下一代网络基础架构等,主要解决海量信息的传送和管理问题。通过使用更加智能和高效的网络技术,我们可以更好地管理和优化网络连接,实现更快速、更可靠的网络通信。

"端"指的是各种终端设备,包括个人电脑、手机、平板等,以及电子阅读终端及Pad类平板电脑等一系列终端设备。这些终端设备通过各种应用程序和操作系统,可以与云端进行数据交换和协同。

在"云、管、端"三位一体的解决方案中,各种终端设备通过云计算和网络连接协同工作,可以实现更加高效的信息处理和传递。将其运用在运营管理中之后,华为受益良多。

近年来自动驾驶已成为热门话题，亚马逊以超10亿美元收购自动驾驶汽车公司Zoox，大众集团将26亿美元投资于自动驾驶初创公司Argo AI。随着众多科技巨头纷纷入局，一时之间，关于华为造车的传闻四起。

2020年，针对造车的舆论，华为发文声明，华为不造整车，而是聚焦ICT技术，帮助车企造好车，成为智能网联汽车的增量部件提供商。

2014年华为正式成立车联网实验室以来，华为围绕车联网的"云、管、端"三个层面陆续推出了多个解决方案，助力车企造好车。

云：智能车云，以高算力AI芯片昇腾系列增强客户黏性。

管：智能网联，主推5G+C-V2X车载通信模组、T-Box、车载网关几类产品。

端：智能驾驶，整合车云+硬件+OS，硬件端主攻激光雷达和高算力芯片，软件端主攻高精度地图和计算机视觉。

端：智能电动，推出了BMS电池管理系统（Battery Management System）、MCU电机控制系统（Moter Control Unit）、车载充电系统，以及车下充电模块。

端：智能座舱，打造了AITO零重力座椅和全新升级的鸿蒙智能座舱。

在上述五大业务板块中,华为和产业链的上下游均建立了合作关系。华为在"端"的层面分别与宁德时代、富临精工、四维图新和航盛电子进行合作;在"云"的层面,华为的车联网平台(Ocean Connect)已在标志雪铁龙的新车型DS7 Crossback上落地应用;在"管"的层面,华为和运营商中国移动、车联网企业博泰集团、启明信息展开合作。

华为倡导的"云、管、端"一体化并不是一套封闭的体系,而是通过创新的信息服务架构联合各行各业的合作伙伴,提供最具竞争力的综合性解决方案,共同助力产业智能升级和健康可持续发展。

也正是如此,在万物感知、万物互联、万物智能的未来数字世界中,"云、管、端"三位一体这样一种开放、系统的体系才会更适用,甚至将更为深刻地改变我们的生活和工作方式。

自数字技术诞生之日起,无论它自身还是被它影响着的世界,都在以惊人的速度发生翻天覆地的变化。如今,我们正生活在从前根本不敢想象的数字世界里,尽管一路走来纷争、矛盾不断,但我们仍然期待着数字世界里更加美好的生活,因为在那里,我们一定会更自由!

NO.3

数字经济：
是风口，也是险滩

在数字经济迅猛发展的30年间，笔者见证了无数企业"高楼起"，也见到了更多企业一夜之间"高楼塌"。这的确是一次新的"改革开放"，企业应该勇敢追赶风口。但作为冒险者，企业也要看到风口下隐藏的险滩，努力成为下一只在风口站立的幸运"猪"。

1. 重温《数字化生存》与"打不死的华为"

"预测未来的最好办法就是把它创造出来",这是《数字化生存》一书中笔者最喜欢的一句话。在那个人人保守观望的年代,尼古拉斯·尼葛洛庞帝所提出的天马行空的观点足够狂妄;经过现实的验证,这些观点如今看来又足够正确,从而为这本书增添了不可多得的预见性。

《数字化生存》:预言与现实的交融

尼古拉斯·尼葛洛庞帝说:"数字技术将改变人们的生活方式、工作方式和思维方式。"后来数字技术支撑下的数字经济成为妇孺皆知的发展风口。

尼古拉斯·尼葛洛庞帝说:"通过阅读《纽约时报》,我结识了该报专写计算机和通信业方面报道的记者约翰·马可夫,并十分欣赏他的文章。过去,假如没有《纽约时报》,我可能永远看不到他的文章。但是,现在就不同了,我可以轻而易举地利用计算机网络,自动收集他所有的最新报道,把它丢进我的'个人化报纸'中,或是放在'建议阅读'资料档案中。我也许愿意因此付给马可夫每篇文章'两分钱'。如果1995年互联网络全部上网人口中,有0.5%的人愿意像这样订阅马可夫的文章，马可夫每年创作100篇文章（事实上，他每年的写作量在120～140篇），那么他一年就可以稳赚100万美元，我敢说那一定比《纽约时报》付给他的薪水要高。"后来KOL、推荐算法、订阅与打赏机制在数字经济中出现。

尼古拉斯·尼葛洛庞帝说："……一旦有人打下了这片江山，发送者在数字化世界里的附加值就会每况愈下。比特的发送和运动必然也包含了过滤和筛选的过程。媒体公司除了干别的，还扮演星探的角色，而它的发送渠道则成为舆论的试验场。"后来MCN经济盛行。

"20年前读《数字化生存》，我觉得是科幻书；现在读，我觉得是历史书。"读者对《数字化生存》的评价也正说出了笔者在不同年纪阅读这本书时内心的感受。

尼古拉斯·尼葛洛庞帝在书中向我们描绘了一个全新的生存空间——一个虚拟的、数字化的空间。如今，我们不难发现，他的预言绝大部分已经或正在成为现实——互联网的普及、移动设备的广泛使用、大数据的应用、AI的兴起等，这些现象都充分证明了"数字化生存"已深入我们的日常生活中，并带来了巨大的变革。

我们不得不承认，《数字化生存》从一本科幻书变成一本历史书，不仅记录了人类社会是如何从传统的生存方式逐渐转向数字化的生存方式的，也为我们提供了一个全面、深入的视角，让我们看到技术的发展是可以预见的，以及未来的可能性是无限的。

任正非与美国思想家深度对话

2019年6月17日，华为创始人任正非与美国的两位思想家——著名未来学家、经济学家乔治·吉尔德，计算机科学家、《数字化生存》作者尼古拉斯·尼葛洛庞帝进行了一次深度对谈。

其中关于数字化对人类的影响这一话题，三位大家的观点令人深思。任正非认为AI并不会完全取代人类，而是会释放人们的时间和精力，让人们可以去创造更多的价值。另外两位思想家则强调在数字时代，人们需要重新定义人与机器、人与信息的关系，并积极地塑造数字文化。

任正非： 我觉得人类社会未来二三十年最伟大的推动力量是AI。AI会使人的能力更强，而不是代替人。这个社会变得越来越复杂，火车跑得越来越快，网络越来越复杂，仅靠个人的智力是不能驾驭的。将来有一些确定性的工作，AI可以直接处理，把问题拦截在边缘；不确定性的工作上传到中央处理后，再通过AI模糊处理。AI可能处理错，也可能处理对，处理对与错都是在深度学习，完善人类社会。

要宽容创新，不要吹毛求疵。网络出了问题需要维修，可能是远程维护，人类一定要爬到电杆上才叫维护吗？这是高成本。因此对未来的创新要有宽容心态，才能迎接伟大的社会。

不要把AI看成负面的东西，AI是人的能力的延伸。

尼古拉斯教授说，几十年前就有人提出了AI的概念，但是没有实现的手段，今天有实现的手段了。AI会给人类创造更大的财富，不会替代人。AI怎么欣赏音乐？这是晚一些的事，当前任务是提高生产效率。

乔治·吉尔德：我从事连接组学研究有一段时间了，主要研究互联网连接组。互联网的所有连接内存加起来有多大？我主要关注全球互联网能够达到ZB级的内存，10~21次方的量级，这是ZB级别。

最近，我在研究人脑的连接组，一个人大脑的连接组容量高达1ZB。也就是说，一个人脑内的连接数跟整个全球互联网联接的容量一样。全球整个互联网连接消耗的能量高达泽瓦级（ZW），但是人脑只消耗12~14瓦的能量。所以，我认为真正决定未来人类发展和繁荣的关键是充分释放人脑的容量，人脑中消耗12瓦的能量可以支撑华为光纤和无线技术支持的60亿连接量。

人的生命跟电子技术并不相同，但是人的生命可以反映电子技术，这是不同的现象，至今还不能完全被理解。

尼古拉斯·尼葛洛庞帝：我认为，在计算和连接方面，只要是正确的，我们可以做越来越多的产品。有些东西是自然发生的，很多人同时研究两种截然不同的AI理论。有一种AI能够跟人脑相媲美，甚至更好，这是我们所说的传统 AI。20 世纪六七十年代一些非常有深度的思想家考虑的就是这样的 AI，这并不是由 75 亿人连接起来的 AI。刚才说连接所有人，全世界 75 亿大脑相互连接后，产生的效果绝对是 75 亿的很多倍。这属于不同的领域，当然也是非常有意思的。从计算的角度看，我可以做出来更多产品。但是人脑无法在上面拓展，计算机可以拓展。所以，我觉得这个形式会发生变化。

刚才我说吃一片药丸就可以学法语或中文，这跟人脑自然互动是非常不一样的，它是从内部实现突破，而不是从外部突破。如果您穿过血液循环系统，从这个角度获取您的神经元网络，这也是非常有意思的。我不知道法语究竟在人脑的哪个部分，您能不能把这样的东西放到人脑中，能不能拿走？目前来说，这些想法正确与否并不是非常重要。这是非常令人兴奋的思考方式，我们可以想象一下，人们如果真的这样做了，会带来什么样的变化。

三位大家从数字经济的视角，阐述数字经济的发展脉络，用他们的经验与专业能力向我们描绘他们所看到的未来世界的样子，充分表达了这些数字行业的领先者对数字经济的强烈信心。

也许未来依旧需要面对数字化所带来的诸如信息泛滥、数字鸿沟等一系列问题，但这也并不能吓退寻求发展的我们。无论个人还是社会，我们始终对数字化未来张开怀抱。

2. 数字经济——重塑人类生产与生活面貌

30年来，我们对"数字经济"这一概念的认识不断深化。

"数字经济"最早在1995年由唐·塔普斯科特提出，早期这一概念常被认为是互联网经济或信息经济的代名词，而随着技术的不断发展，数字经济的内涵不断丰富。

2016年G20杭州峰会发布的《二十国集团数字经济发展与合作倡议》中将"数字经济"定义为：以使用数字化的知识和信息作为关键生产要素，以现代信息网络作为重要载体，以信息通信技术的有效使用作为效率提升和经济结构优化的重要推动力的一系列经济活动。

中国信通院发布的《中国数字经济发展报告（2024年）》将"数字经济"定义为：以数字化的知识和信息作为关键生产要素，以数字技术为核心驱动力量，以现代信息网络为重要载体，通过数字技术与实体经济深度融合，不断提高经济社会的数字化、网络化、智能化水平，加速重构经济发展与治理模式的新型经济形态。

如今，数字经济已经从概念变成现实，并日益塑造人类经济和生活的新常态，小到送餐机器人、数字电视，大到物联网、AI，数字经济已然渗透我们生活的方方面面。而新的高端、前沿、具有影响力的数字经济成果还在不断迭代更新，成为经济增长的新动力、新引擎。

数字经济引领并牵引第四次工业革命

回顾前三次工业革命，我们可以发现，每次工业革命都是由核心技术引领，赋能千行百业"破圈"发展，形成新产业和新的经济增长点。而第四次工业革命，则正在被数字经济引领，如图3-1所示。

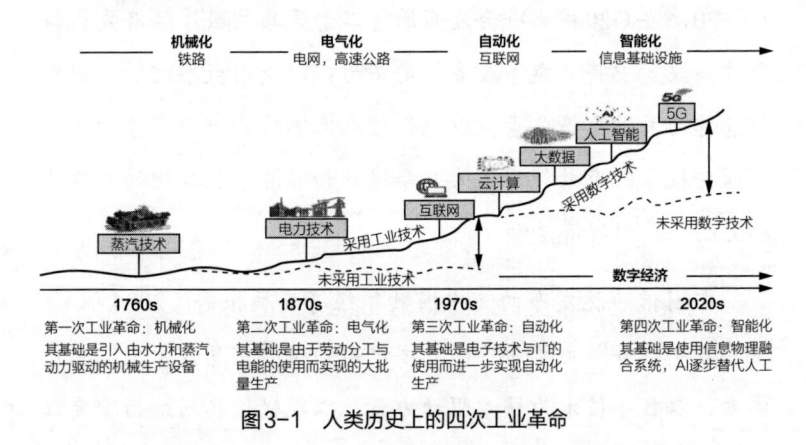

图3-1 人类历史上的四次工业革命

第一次工业革命是以发明、改进和使用机器开始的，第二次工业革命以电力的广泛使用为标志，在第三次工业革命中，原子能、电子计算机、微电子技术、航天技术、分子生物学和遗传工程等领域取得重大技术突破，从而开辟了信息化时代。

到第四次工业革命，信息技术、数字技术、智能制造、虚拟现实、基因技术、清洁能源及生物技术等新技术取得重大突破，信息通信产业、工业互联网、智能制造等新兴产业相继出现，人类正加速迈入数字化社会。

我们所憧憬的数字化社会究竟会是什么样子的呢？

2019年8月，华为发布2025年十大趋势，认为数字化智能世界正在加速而来。

（1）全球14%的家庭将拥有自己的机器人管家。随着5G、AI、物联网等技术的发展，在教育、家政、健康等行业，将出现护理、管家、社交等机器人，给人类带来新的生活方式。

（2）采用VR/AR技术的企业将增长到10%。以5G、AR/VR、机器学习等新技术使能的超级视野，将赋予人类新能力，帮助我们突破空间、表象、时间的局限。

（3）智能个人终端助理将覆盖90%的人口。受益于AI及物联网，过去你找信息，未来信息主动找你，智能世界将简化搜索行为和搜索按钮，带来更加便捷的生活体验。

（4）C-V2X（Cellular Vehicle-to-Everything，蜂窝车联网）将嵌入全球15%的车辆。智能交通系统可以使行人、驾驶员、车辆和道路互联互通，有效地规划道路资源，实现零拥堵和紧急规划虚拟应急车道。

（5）机器从事"三高"，每万名制造业员工将与103个机器人共同工作。可以让机器人处理高危险、高重复性和高精度工作。机器人无须休息，极少犯错，有利于提高生产力和安全性。

（6）97%的大企业将使用AI。AI、云计算等技术的融合应用，将大幅促进创新型社会的发展。

（7）企业的数据利用率将达86%。随着AI、大数据的应用与发展，企业与客户之间的跨语种、跨地域沟通将更为便捷、高效。

（8）全球所有企业都将使用云技术，基于云技术的应用使用率将达到85%。未来，数字技术将逐渐以平台模式被世界各行各业广泛应用，企业与企业之间开放合作，共享全球资源。

（9）全球将部署650万个5G基站，服务于28亿名用户，58%的人口将享有5G服务。大带宽、低时延、广联接的需求正在驱动5G的加速商用，将渗透各行各业。

（10）全球年存储数据量将高达180ZB。通过建立统一的数据标准、数据使用原则和第三方数据监管机构，全球年存储数据量将大幅上升。

由此可见，数字化、智能化是第四次工业革命的本质特征，而这次工业革命将引发人类生产与生活方式的剧变，它的深度与广度将会超过之前的工业革命，释放前所未有的动能，推动生产力发展跃上新的台阶。

数字产业化与产业数字化，双轮驱动产业发展

在中国信通院发布的《中国数字经济发展报告（2022年）》中，数字经济被划分为数字产业化、产业数字化、数字治理化及数据价值化四大部分，如图3-2所示。

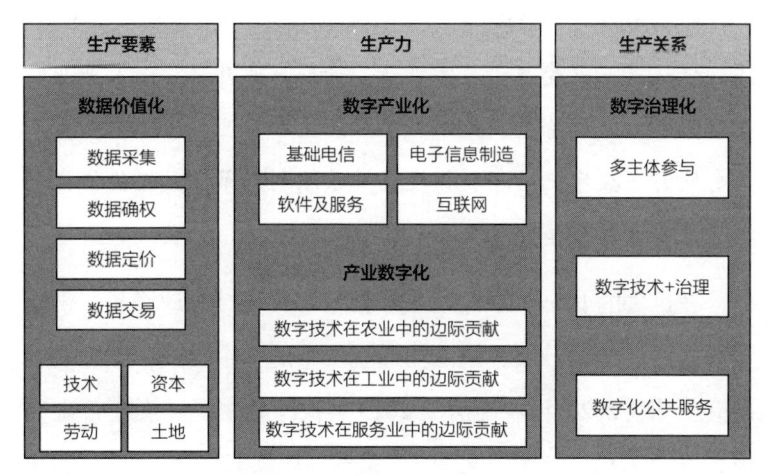

生产要素	生产力	生产关系
数据价值化 数据采集 数据确权 数据定价 数据交易 技术　资本 劳动　土地	**数字产业化** 基础电信　电子信息制造 软件及服务　互联网 **产业数字化** 数字技术在农业中的边际贡献 数字技术在工业中的边际贡献 数字技术在服务业中的边际贡献	**数字治理化** 多主体参与 数字技术+治理 数字化公共服务

图3-2 数字经济的"四化框架"

（1）数字产业化：数字产业化是数字经济的基础部分，是数字经济发展的技术支撑，包括电子信息制造业、软件和信息服务业、信息通信业及新一代信息技术产业等领域；

（2）产业数字化：产业数字化是数字经济融合部分，是数字技术在经济领域的应用，主要表现在传统产业应用数字技术所带来的产出增加和效率提升部分，包括工业互联网、智能制造、车联网、平台经济等融合型新产业、新模式、新业态；

（3）数字治理化：包括多主体参与、数字技术+治理，以及数字化公共服务等；

（4）数字价值化：包括数据采集、数据确权、数据定价、数据交易等。

随着数字产业的不断成熟，新的业态和生产模式逐渐形成，传统产业也受益于数字产业，开始产业升级，进入产业联合和产业融合的阶段，最终数字产业化和产业数字化重塑生产力。同时，数字化治理引领生产关系深刻变革，数据价值化重构生产要素体系和数字经济生态。

在过去的10年间，中国数字经济规模持续高速增长，带动了经济的转型和升级。中国信通院发布的《中国数字经济发展研究报告（2024年）》显示，2023年我国数字经济规模首次突破53.9万亿元，同比名义增长7.39%，连续12年高于同期GDP名义增速，数字经济增长对GDP增长的贡献率达66.45%，数字经济有效支撑经济稳定增长。

从结构上来看，数字经济主要包括数字产业化和产业数字化两大部分，如图3-3所示。2022年产业数字化规模达41万亿元，占数字经济比重达81.7%，占GDP比重为33.9%，为数字经济持续健康发展提供了强劲动力。

华为原企业BG总裁丁耘表示，我国与发达国家的数字产业化GDP占比基本一致，但是产业数字化部分，也就是我们常说的ICT技术与传统产业相结合部分，中国为31.2%，发达国家为46.9%，差距很明显。因此，产业数字化将继续成为我国数字经济发展的主引擎，是未来一段时间发展数字经济所关注的重点。

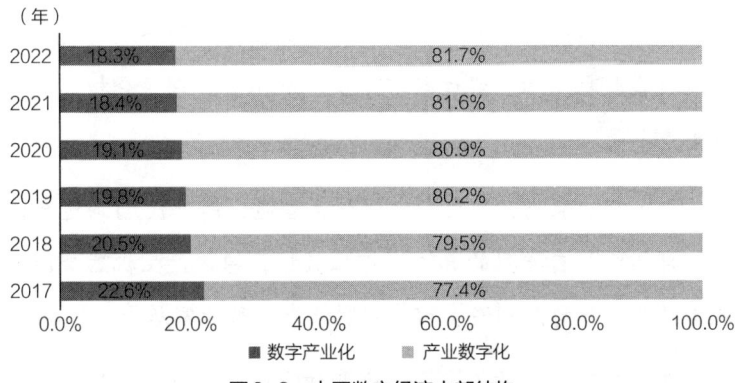

年	数字产业化	产业数字化
2022	18.3%	81.7%
2021	18.4%	81.6%
2020	19.1%	80.9%
2019	19.8%	80.2%
2018	20.5%	79.5%
2017	22.6%	77.4%

图3-3 中国数字经济内部结构

2021年12月，国务院印发《"十四五"数字经济发展规划》。从以下方面对"十四五"时期我国数字经济发展做出部署：①优化升级数字基础设施；②充分发挥数据要素作用；③大力推进产业数字化转型；④加快推动数字产业化；⑤持续提升公共服务数字化水平；⑥健全完善数字经济治理体系；⑦着力强化数字经济安全体系；⑧有效拓展数字经济国际合作。

既然必须做，那我们又该怎么做呢？《中国数字经济发展研究报告（2024年）》指出，产业数字化转型升级主要应从四个方面出发。

（1）替代驱动，即通过信息技术替代生产管理工序的人工环节，实现效率提升，如企业信息化系统的广泛应用。

（2）连接驱动，即随着信息化终端用户的增加，用户红利驱动大连接，如互联网、移动互联网、物联网的发展。

（3）数据驱动，即大连接沉淀大数据，联网终端之间的信息沉淀在数据中心，经过数据清洗、加工、处理、分析，成为新生产要素。

（4）智能驱动，即大数据驱动大智能，新一代AI通过自适应、自组织、自学习的算法，挖掘数据资源，产生机器智能，赋能产业，如智能制造、智能网联汽车、智能家居等。

作为数字经济的下半场，产业数字化为数字产业化提供了基础和支撑，是数字产业化的重要前提和推动力；数字产业化也为产业数字化提供了强大的技术基础和支撑，加快了产业数字化的进程。可以说，产业数字化与数字产业化是驱动数字经济发展的双轮，它们完美配合向前滚动，将推动我国产业真正实现高质量发展，突破现有分工格局，向着高端产业价值链迈进，从而形成健康发展的数字经济形态，推动社会快速转型。

3. 危机四伏的商业丛林，如何寻找最优解

"能够生存下来的并不是最强大的物种，也不是最聪明的物种，而是最能适应变化的物种。"

——查尔斯·达尔文

达尔文在《物种起源》中提出了著名的"物竞天择，适者生存"的物种演变法则。这一法则在人类社会中也同样适用。在现代商业世界中，这一法则时刻提醒企业在竞争中保持警惕，力求进步与发展。

商业的本质就是效率与成本之争

"商业的本质就是效率与成本之争。"在商业世界中，这是一条至高无上的真理。

众所周知，商业中最基本的行为是交易，而交易的本质就是低买高卖，于是"低成本"的价值就凸显出来了。作为商业行为持续发生的先决条件，能够把成本降到足够低，也就意味着能够以更低的价格提供产品和服务，从而吸引更多的消费者和投资者，那生意就能够持续做下去。

但是，光降低成本还远远不够，我们还得追求效率。高效

率的经济体能够以更少的资源生产更多的产品，而低效率的经济体则需要更多的资源才能生产相同的产品。当两家公司生产相同的产品，面向相同的消费者，但其中一家一个月只能生产1万件产品，而另一家一个月可以生产5万件产品时，两者的工作效率和价值也就高下立判了。

所以自古以来，商业世界的竞争基本从降低成本、提升效率两方面入手。当然我们也知道，成本是不可能无限降低的，于是提升效率就成了商业进步的主要方向。

那么在当前这个企业管理变成系统化工程，企业的生产力和生产关系都将被重新定义的数字经济时代，企业如何才能将提升效率转为一个可实现的现实路径呢？

在笔者看来，答案就是通过业务模式更迭和数字化转型构建核心竞争力。在高度不确定的市场环境中，如果企业仍然秉承确定性的思维模式、运营模式和组织行为惯性，不能紧跟数字化潮流，终将会被时代无情抛弃。

数字时代，企业要跟上数字化潮流

要说受数字经济影响最大的行业，非传统制造业莫属了。但我们也不必太过悲观，近些年来我国高新技术制造业得到了快速发展，但传统制造业仍是我国现阶段制造业的主体，甚至可以说在未来很长一段时间内，都会是稳定我国经济增长的重要力量，并且还是解决大量劳动力尤其是低技能劳动者就业的重要途径。所以换个角度来说，这对传统制造业来说也是个难得的发展机会，推动当前传统制造业的数字化转型发展对于我国未来经济的稳增长及稳就业具有非常重要的现实意义。

比如美的，作为我国最早的民营制造企业之一，在近几年的转型和发展中已经撕掉了"传统制造"的标签，逐渐成为中国家电制造企业转型成功的"领头羊"，也为传统的家电制造企业探索出了一条向科技企业转型的独特发展道路。

2012年，美的启动了数字化转型1.0阶段。当时美的内部高度分权，每个事业部自成一体，以至于所有的IT系统高度离散。为了让美的能够集团化运营，集团董事长兼总裁方洪波和美的高层决定将运行多年的数字化系统推倒重建。于是，历时3年，美的重构了所有的流程、IT系统和统一数据的标准。

2015年，美的认为"互联网+"会颠覆传统行业，经过公司内部大讨论后提出了双智战略，即"智能产品，智能制造"。随后，美的建立了智能制造工厂、大数据平台等，将所有系统移动化，把"+互联网能力"以数字化的形式引进内部。

2016年，美的进入数字化转型2.0阶段。其在业务上实现了从以前的层层分销、以产定销到以销定产的转变，将原来的大订单供应模式，变成了碎片化的订单模式，强化了面对不确定性的柔性供应能力并提升了效率。

2018年，随着物联网技术的成熟，美的开始让单机版的家电变成联网家电。通过美居App,让冰箱、空调等产品可以被用户集中控制,同时美的也可以通过App采集用户的行为数据,优化和升级产品服务。

在2019年至2020年间,美的完成了工业互联网、全面智能化、产品智能化,用数据来驱动业务运营。

2020年末,美的正式将三大战略主轴升级为四大战略主轴。如图3-4所示,将四大业务板块重新更迭为五大业务板块,旨在通过数字化技术和工具提升企业运营效率、直达用户,增强用户体验。

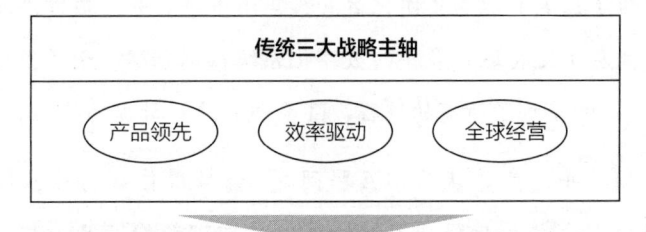

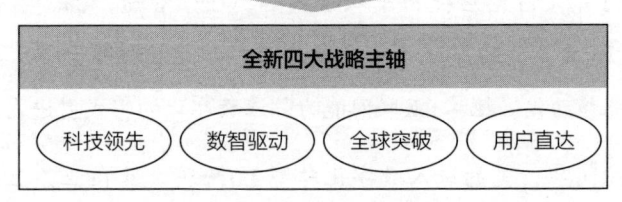

```
┌─────────────────────────────────────────┐
│          传统三大战略主轴                │
│   ( 产品领先 )  ( 效率驱动 )  ( 全球经营 ) │
└─────────────────────────────────────────┘
                    ▼
┌─────────────────────────────────────────┐
│          全新四大战略主轴                │
│ (科技领先) (数智驱动) (全球突破) (用户直达)│
└─────────────────────────────────────────┘
```

图3-4 美的四大战略主轴

2021年数据显示,美的在转型期间的营业收入增长超过150%,净利润增长333%,资产总额从926亿元提升为3879亿元。在数字化转型的十年间,美的前后投入了上百亿元,但方洪波认为，这条路是值得的，而且还没有到终点，他将引领美的继续在数字化转型的路上前进。

除了美的，华为也是我国数字化转型的榜样企业。任正非曾说："只有持续管理变革，才能真正构筑端到端的流程，才能真正职业化、国际化，才能达到业界最佳运作水平，才能实现运作成本低。"于是在过去的20多年中，华为先后开展了一系列流程、组织及IT等方面的数字化变革，逐步构筑起了华为在数字时代的核心竞争能力。

1998年，华为启动了与IBM合作的"IT策略与规划"（I/TS&P）项目，在IBM顾问的帮助下定义了企业竞争定位、业务构想和变革愿景，并规划了华为未来三到五年需要开展的业务变革和IT项目，主要包括IPD、ISC、IT系统重整及财务四统一等相关项目。

1999—2003年，华为启动集成产品开发（IPD）项目。IPD就是把产品开发出来，产品从有概念开始，到面市，强调以客户需求为导向，将产品开发作为一项投资来管理，重组产品开发流程和管理体系，加快市场反应速度，提升产品质量和竞争力。

1999—2004年，华为启动集成供应链（ISC）项目。通过ISC变革，华为用一个统一的系统替代了原来零散的体系，并以客户需求为导向，建立了集成的全球供应链网络，从"各自为政"的供应链功能型组织转变为以客户为中心的"集成供应链"体系。这一体系通过供应的灵活性和快速响应能力形成竞争优势,不仅提升了供应链的质量,节约了成本,更为企业全球业务的发展提供了全方位支撑。

2006—2014年,华为启动集成财经变革(IFS)项目。总共分为20个项目,包括机会点到回款、采购到付款、项目核算、总账、共享服务、业务控制与内部审计、报告与分析、资金、成本与存货等。华为通过两个阶段的变革,系统性提升全球财务能力,实现损益可视、风险可控、准确确认收入和现金流入加速,有效提升了管理效益。通过变革,华为财经一步步成长为世界级的财经组织。

2007—2016年,华为通过客户关系管理(CRM)项目群建立了线索到回款(LTC)、问题到解决(LTR)等流程,规范了全球销售业务,将合同质量标准构筑在流程中。

2016年至今,华为数字化转型变革规划汇报通过,明确要用五年时间完成业务数字化转型,数字化转型成为华为唯一的变革目标,一系列的变革项目由变革指导委员会完成立项。华为董事、CIO陶景文更是提出了"实现全联接的智能华为,成为行业标杆"的数字化转型目标。

华为的业务发展和管理变革,本质就是持续的数字化变革和转型。这些数字化变革和转型支撑了华为的高速发展。任正非在总结华为数字化转型成果时说:"华为利用20年的持续努力,基本建立了集中统一的管理平台和较完整的管理流程,支撑华为进入全球领先企业行列。"

美的与华为的成功经验都在说明一个道理,那就是在数字化转型浪潮中,企业往往需要抢占先机,只有通过自身在管理变革和数字化转型方面的探索和能力沉淀,创造新的产品、服务和商业模式,建立自身在数字时代的核心竞争能力,才能找到新的增长空间,从而在竞争中获胜。

4. 物竞天择，数字时代的天道、商道和人道三统一

在为华为服务的二十多年里，笔者一直对华为文化中一条特殊的基本假设深信不疑，那就是天道、商道和人道的统一。其中，天道概括的是企业和环境的关系，商道解释的是企业存在的意义，人道则用来诠释企业和利益相关者的关系。

这是因为不论在怎样的时代背景下，一个企业自身的文化都需要对天道、商道与人道的和谐统一问题做出正面回答。笔者也相信，所有卓越企业的文化恰恰就是对天道、商道和人道和谐统一这一闭环的长期坚守。

基于天道的假设

管理大师德鲁克曾说，企业是一个社会器官，企业正常运作，健全健康，社会就能变得更好。企业是一个追求效率而非追求公平或福利的组织，所以企业对外要创造利润，对内要将外部市场压力传递到各个业务单元，控制成本，提高管理水平与效率。

在华为有一项引发争议的规定，即中高级干部在升职前，

必须进入华为大学培训,但却要求干部在培训过程中停薪且全程自费。对此,很多人提出过质疑——培训在多数企业中都是作为福利赠与员工的,而华为却要停薪收费,而且还是针对要晋升的核心骨干或优秀干部,这是什么道理?

对于这一质疑,任正非曾表示,收费是因为只有交了学费的学员才会用心上课,企业才能拥有更高水平的干部,同时华为大学有了收益之后才能更好地提供教学服务。

这其实就是将市场机制引入企业内部的一种操作。华为认为,市场机制是激活各种价值创造要素的最好机制,将企业内部每个单元划分成业务单元进行管理,能够让每一个业务单元在市场机制下"野蛮增长",发挥其最大的作用。

正所谓"治中求乱,乱中求治",按照任正非的说法,"治"是求规范、去无效,"乱"则是抓机会、求发展。"乱"与"治"的矛盾可以归结为企业的"扩张和精细化管理"的关系。扩张必然会给内部带来混乱,华为提倡用精细化管理应对混乱,从而为新的扩张提供基础。

当下如火如荼的数字化转型也是如此。面对充满不确定性的未来,企业选择数字化的本质其实是减少不确定性,通过数据赋能组织与个体,使组织摆脱传统的决策方式,利用更科学的大数据进行业务规划和决策,获得更多发展的可能性。这其实也是一种"乱中求治"。由此可见,只有将市场的外力导入企业内部管理之中，才能牵引企业各业务单元不断改进与成长。

这是自然规律，也是企业内部管理的规律。

基于商道的假设

华为对于商道的定义是创造客户，也就是企业必须以客户为中心，为客户的利益进行资源转换。从这一角度来看，我们也可以说，没有客户，企业就没有发展的基础。

就像淘宝曾连续亏损6年，京东连续亏损12年，更早成立的亚马逊更是连续亏损20年……但这些公司在连续亏损的情况下仍能成为行业巨头，这是为何？根本原因就在于，这种亏损模式其实是一种战略性亏损，亏损的背后是客户池的不断扩充，客户基数的不断增加，这也就为公司未来获得更多的现金流和利润提供了更多可能性。

也正是基于这一点，华为以创造客户为基础提出了以下三种假设：

- 客户价值优先于股东价值
- 竞争力优先于增值
- 利润是经营的结果

首先，华为认为，客户价值优先于股东价值。因为企业是以客户为基础的，客户的价值优于企业的一切，这一点无论在什么时代都是真理。很多产品因此而成功，也有不少产品因此被淘汰，我们都应引以为戒。

2012年，谷歌发布了概念智能眼镜——谷歌眼镜。这款眼镜凭借其酷炫的科技感轰动全球，并且因为以下4个创新点得到了业界的一致好评：

① **高倍变焦拓展视距**：谷歌眼镜能够帮助用户看到更远处更开阔处的事物，还可以戴在头上想拍就拍，操作简单。

② **让盲人"重见"光明**：眼镜所捕捉到的图像可以转换成声音讯号传到盲人耳中，把虚拟抽象的东西具体化，在一定程度上对盲人起到了很好的引导作用。

③ **全息投影技术**：通过与智能手机连接，能实现在手掌、玻璃镜子、汽车挡风玻璃上收发短信、浏览网页等操作。

④ **实景导航，走到哪看到哪**：结合全息投影技术，方便用户使用和操作导航。

按说这样一款高科技产品，前景应当一片大好，但事实恰恰相反，谷歌眼镜在美国推出后，惨遭市场滑铁卢，让人们唯恐避之而不及。究其原因，还是输在了没能真正理解用户需求上。谷歌眼镜的技术和功能自然是好的，但是它的这些功能却极易被人利用，成为窥视别人隐私的工具，所以上市后便引起了人们的反感。

其次，华为认为，竞争力优先于增值，利润是经营的结果，而不是企业的目的。综合这两条来看，其背后的根本逻辑在于，长远发展比短期利益更为重要。所以企业不能盲目地追求利润最大化，而是要通过一些必要的投资，以追求企业的长期价值。

华为一直遵循一个传统，那就是每年要将营业收入的10%～15%用于投资和打造未来的核心竞争力。根据最新数据，2023年华为的研发费用为1647亿元，约占全年收入的23.4%。你知道这个数字有多么恐怖吗？平均每天华为要"烧掉"4.5亿元研发费用。从2013年到2023年，华为累计投入的研发费用已经超过了11100亿元。而且华为越在困难的时候，越增加研发投入，就像穷人家的孩子，再穷也不能穷教育，企业再穷也不能穷研发。华为一直坚定不移搞研发，一次次实现绝地逢生。

如今，各种颠覆性的数字技术层出不穷，企业的虚拟经营我们已然不陌生，而在未来，企业与用户之间的无接触交易势必成为一种常态。也就是说，在未来的物理世界中，企业将不可避免地离用户越来越远。如果当下不未雨绸缪，加强智能化、场景化的精准服务，那么企业很有可能因为脱离用户而被时代淘汰。不谋将来的企业没有未来，只有增强能力，才能保持持续增长。

基于人道的假设

华为对人性的解释是：利益是每个人生存的机会，利益是大家走到一起的根本原因，若要归结为四个字，那就是"有欲则刚"。所以我们看到，华为在校招时偏向家里贫困、聪明和有欲望的学生。因为，在华为看来，有欲望就会有利益诉求，有利益诉求就愿意接受管理。

我们通常不提倡把"利益"二字宣之于口，文人也总爱鼓吹要"淡泊名利"、要"视金钱如粪土"等，但实际上"天下熙熙，皆为利来；天下攘攘，皆为利往"，利益只是大多数普通人的正常需求而已。

因此，华为从来不避讳谈利益这件事情，反而会建立一定规则下有利于"自私"的机制，来激励员工为之努力奋斗。在华为看来，如果这个机制不能让员工获得利益，那么这个机制肯定是失败且无效的。

企业和员工是一个利益共同体，员工贡献得越多，组织就越强，企业能够获得的利益也就更大，进而企业能够反馈给员工的也就更多。就像华为所采用的员工持股制度，就很好地将员工的利益和企业的利益紧密地绑在了一起。这种做法不仅让员工共享利润，也让其承担风险，使员工责任感更强，让企业与员工成为利益共同体。

2024年4月2日，华为发布分配股利公告，拟向股东分配股利770.95亿元。华为员工持股计划参与人数达到约15万人，人均可获得分红约51万元。

华为能将净利润的88%慷慨地分给员工，是因为华为深知，没有员工的辛勤打拼，就没有今天的华为。华为之所以要艰苦奋斗，就是为了挣更多的钱，让员工赚到更多的钱，让员工及其家人过上高品质的生活。

信任以不信任和制度约束为基础。在华为的管理中，信任是最重要的一部分，而不信任也是不可或缺的，即"用人要疑，疑人要用"。华为在授权的同时，也会对员工进行制度约束，让每个人可以做到从心所欲而不逾矩。

企业的数字化也是同样的道理。从人道的角度来看，数字化转型始于技术，终于组织。企业数字化转型的成功不只在于技术因素，还在于人力资源因素。只有激活人力资源，同时整合创新的力量，力出一孔，才能真正提升人机一体的组织效能。技术与业务的深度融合固然重要，而正确运用数字化赋能组织，则是企业成功转型，进而实现持续发展的关键所在。

天道让我们用物竞天择的自然法则，将市场压力传递给企业内部，并通过市场机制不断激活组织。商道的逻辑告诉我们要以客户为中心，追求有持续现金流的利润；加大前瞻性、战略性投入，构筑面向未来的核心竞争力。人道则诠释了在人性自私的假设下，企业应建立有助于员工获益的机制，才能最大限度地激发其潜能。这些都是华为文化的来源，也是企业在数字时代生存和发展的不传之秘。

5. "活下去"是最低纲领,也是最高纲领

离开华为的这几年里,笔者也开始了创业,遇到了不少同样走在奋斗之路上的伙伴。笔者曾收到一位朋友的消息,他的公司正处于危机之中,他来问我,一个公司到底要怎样才能做大做强?

看到信息的那一刻,笔者脑海中其实闪过许多经验之谈,但将这些足以著书的言论总结起来,其实也就是一句话——一个想要长期发展的企业,一定要把生存,即"活下去"当作最低纲领和最高纲领。

"活下去"是华为奋斗的最低纲领和最高纲领

企业不仅要有生存能力,还要具备长期生存的能力,这就意味着企业必须不断适应市场变化,持续改进和创新,以保持竞争优势。

在故事中讲明白这个道理,或许会让它更深入人心——华为如今已成为全球领先的通信设备公司之一,但一路走来并非一帆风顺。

1989年,第一次断供危机

1987年,在深圳南油新村的居民楼里,43岁的任正非创立了深圳华为技术有限公司。当时由于国内企业的自主研发能力很弱,中国通信设备市场长期被海外厂商占据。华为做的是一家公司的PBX交换机(用于企业内部固话分机)代理,主要销售对象是国内的一些企事业单位。

在任正非的诚信与销售策略下,华为很快就赚到了第一桶金。但是越来越多代理公司进入市场,导致交换机供不应求、经常断货,华为提前半年付款还是拿不到设备,代理利润也大幅下滑。于是任正非决定从源头上解决缺货问题,拿出自己的血汗钱研发自己的技术和产品。

1991年9月,华为租下了深圳宝安蚝业村工业大厦的三楼,集中全部力量研发技术和产品。华为自主研发的第一款通信产品,是HJD48交换机,这是一款小型模拟空分式用户交换机,由郑宝用全权负责。凭借这款产品,1992年华为销售收入首次突破了1亿元。

紧接着,华为推出JK1000局用机项目。然而这个项目由于研发人员对技术路线判断失误,产品刚问世就面临淘汰,几乎赔光了华为的家底。任正非孤注一掷,四处借钱,将全部资金投到数字交换机的研发上。

1993年初,在李一男和团队的艰苦奋斗下,华为2000门的大型数字程控交换机C&C08研发成功。9月，万门机型研发成功。为了迅速抢占市场，华为一方面采取"农村包围城市"的市场策略，主攻外资企业忽略的农网市场，步步为营，逐渐深入城市；另一方面与17家省市级电信局合资成立莫贝克通讯实业公司，不仅带动了产品的销售，还通过募集参股资金解决了资金困难问题。

从1993年到1999年，仅仅6年的时间里，华为的销售收入实现了从1亿元到100亿元的重大突破。除此之外，华为将赚来的钱大力投入研发，不断提高自身产品质量，产品最终达到了与国外公司同样的品质，并在10年内实现了超越。

21世纪初，"华为的冬天"

进入21世纪之后，全球经济发生剧烈动荡，大量的科技企业倒闭，整个行业进入寒冬。2001年3月，任正非在企业内刊上发表了《华为的冬天》一文，预示即将到来的危机，并号召员工做好准备。

除了外部环境的严峻形势及任正非对CDMA[①]和小灵通的错误判断，华为内部也接连遭受重大打击。

【案例一】港湾网络，让华为伤筋动骨的"内讧"

2000年左右，华为启动了内部创业计划，鼓励入职两年以

---

① 码分多址，指利用码序列相关性实现的多址通信。

上的员工申请内部创业,成为华为的代理商。

其中李一男通过股份回购,拿到了价值1000万元的设备,创办了港湾网络。他凭借技术能力带领团队自研数通产品,并在市场上大获成功。此后,他还肆无忌惮地从华为挖人,扩充自己的研发团队,全方位地和华为竞争。

2002年,华为收回了港湾网络的代理权。李一男则正式向华为宣战。2003年,港湾网络收购华为光传输元老黄耀旭创立的深圳钧天科技,触动了华为的根基。

2004年,华为宣誓,不惜一切代价应对港湾网络:可以让其有营业额,但绝对不能赚钱,并且绝对不能让其上市。

2006年6月,港湾网络被华为收购。

【案例二】华为与思科大战,任正非"以夷制夷"

2003年1月22日,美国思科公司正式发起了针对华为的知识产权侵权诉讼。诉讼事件发生后,华为的市场受到冲击。很多合作伙伴暂停了与华为的业务往来,持观望态度。

任正非委派郭平全权负责诉讼事宜并开始反击。

2003年3月,华为正式开始对美国企业设备巨头、网络处理器商Cognigine进行收购。2003年,华为与思科的"死对头"3Com公司合作,成立了一家合资公司——华为3Com(华为三康公司),专注于企业数据网络解决方案的研究。

当时，3Com公司CEO专程作证，华为没有侵犯思科的知识产权。

2003年10月1日，华为与思科达成了初步协议，双方接受第三方专家审核，并将官司暂停6个月。后来，检查结果表明，华为并不存在侵权行为。

2004年7月28日，双方签署了一份协议，达成和解。

为了能够平安度过这个冬天，华为进行了几次重大业务调整。2001年，华为将最大的子公司安圣电气（前身即莫贝克公司）卖给了全球能源巨头艾默生，获得了65亿元资金，给主业注入了动力。华为拿到这65亿元，到美国等地用白菜价收购了一些中小企业、创新型公司，然后整合起来。光网络就是华为在IT冬天收购的小公司，后来没几年，光网络就做到全球份额第一。

这场危机最终在华为2004年成功开发无线3G分布式基站，从而成功打开欧洲市场后解除。2005年，华为的海外销售收入第一次超过国内，同时安然地度过了这次危机。

2018年至今，遭受持续性制裁

2018年12月1日以来，因为遭受持续打压，华为的经营业绩受到了巨大的冲击。2021年10月29日，华为发布2021年前三季度业绩，实现销售收入4558亿元，比2020年同期下滑32%。在业绩发布的同日，华为宣布组建五大军团。

华为以前的企业BG下涵盖了好几个行业业务部，每个行业业务部又横跨多个子行业，业务范围相对较大。当这些子行业越来越多、越来越复杂的时候，就很难聚焦到某一个子行业，围绕客户的需求痛点，利用已有的产品和解决方案，打造新的产品和解决方案，进行精准匹配。

所以，华为做的军团化改革，正是要把这种以往的部门建制打散，围绕具体的业务场景，以军团的形式重新构建组织。简单来讲，就是把原来企业BG、运营商BG、云BU等核心部门的科学家、技术专家、产品专家、工程专家、销售专家、交付与服务专家等，整合在以单个细分场景为单位的独立部门中，对诸如煤矿、光伏、公路、能源、海关等领域进行技术专攻，做深做透，为客户提供更为全面和专业的解决方案。

华为成立的军团有两类，一类是行业军团，这类军团是囊括研发、营销、服务体系的完整组织，直接穿插到对应代表处共同作战，面向一线客户；另一类是产业军团，也叫产品组合军团，偏向打造产品方案。这些方案既可以直接面向客户交付，也可以集成到各军团的行业解决方案里。

我们知道，华为5G技术世界领先，但在全球市场的拓展受限，华为C端业务受芯片供给影响举步维艰。三大业务中，运营商业务相对稳定，唯有企业业务维持着增态，且由于全球以金融、制造、教育、医疗等为代表的传统行业的数字化转型加速，在这种挑战与机遇并存的局势之下，大力发展企业业务，就成了华为最现实的选择。

所以，华为寄希望于军团组织打破现有组织边界，快速集结资源，穿插作战，提升效率，做深做透一个领域，并对商业成功负责，为华为多产"粮食"。在当前企业数字化转型大潮下，军团组织将华为ICT、云计算、AI等技术与特定行业有机结合，进而输出场景化的解决方案，这些方案一旦获得巨大成功，其经验就可以大规模复制，并拉动各行业企业客户5G流量的大规模消费。

截至目前，华为已经先后成立了三批军团，数量达到二十个，涉及智能光伏、智慧公路、电力数字化、数字金融等二十个细分领域。但由于军团制变革在华为历史上没有任何经验可以参考，所以华为采取了"赛马"的机制，鼓励各个军团组织以结果为导向，闯出一条新路。

华为的发展故事，正是对"活下去"是最低纲领，也是最高纲领这一理念的最好注解。正是秉承这一理念，华为在面对市场变化和技术更新时，才能够始终保持敏锐的洞察力和快速的反应能力，通过不断进行创新和变革，适应不断变化的市场需求和不断更新的技术环境。因为华为人都知道，**只有"活下去"，才有可能在激烈的市场竞争中立于不败之地！**

在正确的主航道上，构建能力并尽力奔跑才是正道

数字经济时代，技术变更日新月异，社会的变化也已经快到肉眼可见，并让人习以为常。在这种情形下，**企业要想适应市场变化、实现长久"活下去"的目标，就要在正确的主航道上构建能力并尽力奔跑，取得长期成功。**

首先，找到正确的主航道是非常重要的。这需要企业和个人对市场趋势、客户需求和竞争环境有深入了解。只有在了解这些因素的基础上，才能确定正确的发展方向。

华为坚持"压强原则"，通过资源聚焦，将精力集中于那些具有核心竞争力、能够大规模使用、带来最大回报的领域，如5G、AI、云计算等，不断优化产品和服务，提高自身的竞争力并巩固市场地位，实现了持续发展和成功。

其次，构建能力是实现长期成功的关键。这包括培养人才、建立高效的研发团队、优化生产流程等方面。只有不断构建能力，才能不断提高企业的核心竞争力，从而在市场竞争中获得优势。

亚马逊是全球最大的电子商务公司之一，其成功秘诀就在于不断构建能力。亚马逊通过引入先进的技术和优化网站体验，不断提高用户满意度和用户忠诚度；同时，还通过建立高效的物流系统和提升数据分析能力，提高运营效率和服务质量。

最后，尽力奔跑指的是在正确的主航道上不断前进。这需要企业和个人保持敏锐的市场洞察力，抓住机会并迅速行动。

就像电动汽车市场逐渐崛起时，特斯拉看到了机会，迅速投入研发和生产。特斯拉通过不断创新和优化产品设计，提高电动汽车的性能和质量，赢得了广大消费者的认可和信任。同时，特斯拉还通过建立完善的充电网络和售后服务体系，解决了电动汽车用户的痛点，进一步提高了市场竞争力。

总而言之，只有具备强烈的生存意识和危机意识，才能够使企业在激烈的市场竞争中保持警觉和敏锐，具备快速适应市场变化的能力。通过深入了解市场趋势和用户需求，明确发展方向，并不断构建能力且努力前进，才能让企业在市场竞争中获得优势并实现持续发展。

NO.4

数字创新：
不创新就是最大的风险

在数字化的大潮中，创新已成为企业生存的必选项。随着技术的不断进步和市场环境的日益复杂，那些停滞不前的企业将很快被边缘化，甚至被淘汰。企业必须敢于尝试、勇于变革，因为不创新，就意味着在这场数字竞赛中主动放弃，将市场份额拱手让给竞争对手。

1. 不创新比创新的风险更大——不创新就是倒退

在这个日新月异的时代,创新已经成为推动社会进步的核心动力。它不仅代表着技术的突破和变革,更是企业适应市场、保持竞争力的关键。然而,对于大多数企业来说,创新并非易事,它意味着必须走出舒适区,面对未知的挑战和可能的失败。

在华为工作期间,任正非的一句格言深深影响了我:"知识经济时代,企业生存和发展的方式发生了根本变化,过去是靠正确地做事,现在更重要的是做正确的事。"他强调,过去人们将创新视为冒险,但在今天,不创新才是最大的风险。

这一观点在业界得到了广泛认同。在激烈的市场竞争中,企业要想生存下去,就必须大胆设计、制造,并确保产品与顾客需求同步。这不仅是对创新文化的肯定,也是对管理者理性创新意识的要求。

很多人可能为一个创新型企业的经营风险感到担忧,但是创新型企业自身却明白:"我并不危险。"虽然它每年在科研和市场上的投入是巨大的,但是它蕴含的潜力远大于表现出来的实力，这是创新型企业敢于向前发展的基础。它愿意将大量资源投入科研和市场中，即使短期内利润有所下降，但长远来看，企业的竞争力大大增强了。

作为我国追求创新的代表性企业，华为正是在几十年来连续不断地创新之后，才得以从一个弱小的民营企业快速地成长、扩张，成为全球通信行业的领先者。

从追赶到领先，华为的研发创新经历了三个重要阶段，如图4-1所示，从模仿、跟随，到最终实现引领和超越，迈入"无人区"。

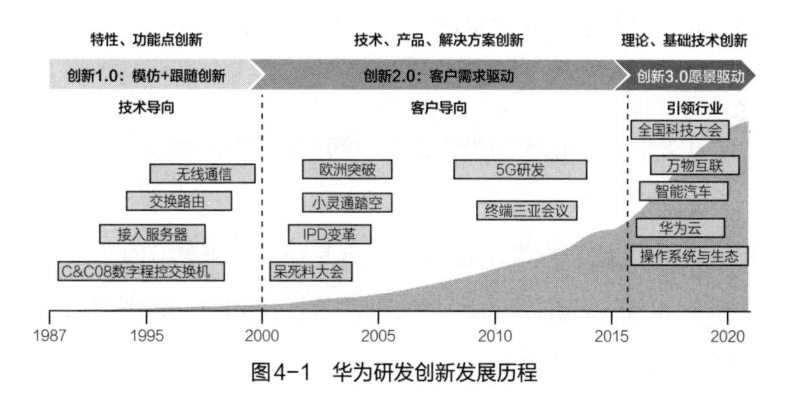

图4-1 华为研发创新发展历程

创新1.0：模仿+跟随创新

20世纪90年代初，国内的电信市场虽然需求旺盛，但是由于国内企业研发能力弱，难以抗衡国外厂商，使得中国通信设备市场长期被国外厂商产品占据。其中，最具代表性的国外厂商是日本的NEC（日本电气股份有限公司）和富士通、美国的朗讯、加拿大的北电、瑞典的爱立信、德国的西门子、比利时的贝尔公司和法国的阿尔卡特。

20世纪90年代,家里能装一部电话机都不容易。那时,仅装一个固定家庭电话就需要几千元的费用。要知道,那时我们的工资才多少钱啊!当时所有通信设备全靠进口,高昂的安装成本和通信资费让家里拥有一部固定电话变得非常奢侈。

虽然华为最开始做电话交换机代理商时,利润还不错。但是随着时间的推移,越来越多的公司进入这个市场,代理利润开始出现大幅下滑。于是活下去成为华为需要首先考虑的问题。华为意识到,想要继续生存,必须研制自有产品,有自主研发能力。

于是,华为便大力投入研发。通过研究国外的入门级交换机产品,华为发现这些产品与国内同类厂商技术水平差距并不大,市场竞争力也不是很强,于是便将目光转向了当时属于国际市场主流的万门级交换机,最终在1994年成功研制出C&C08数字程控交换机。

在这个阶段,由于资源匮乏,为了活下去,华为只能通过快速学习,模仿领先企业的技术标准和产品特性:先从低端产品入手,进行研发创新。其中,所谓的模仿式创新是指模仿与创新两者相辅相成、有机结合的创新方式。这种创新方式不仅可以帮助公司更好地理解已有的思想、方法、产品,还可以在此基础上进行改进和创新。而且这种创新方式成本较低，风险较小。世界一流企业大多靠模仿式创新实现快速发展，比如腾讯、苹果。

1996年，三个以色列人聚在一起，开发了一款让人与人在互联网上能够快速直接交流的软件，轰动一时。当时他们为这个软件取名为ICQ（I SEEK YOU，汉语译为"我找你"）。这是世界上最早的聊天软件，很快取代了手机短信等业务。

1999年2月，受美国在线旗下的即时通信软件ICQ的启发，腾讯模仿ICQ，自主开发了一套中文版本的即时通信网络工具：OICQ。腾讯在ICQ前加了一个字母O，意为Opening I seek you，意思是"开放的ICQ"。谁知，在几个月之后，ICQ的母公司美国在线起诉腾讯侵权，要求OICQ改名。腾讯急中生智，赶紧去掉了两个字母，OICQ由此变成了全中国妇孺皆知的QQ，"小企鹅"正式诞生。而戴着红色围巾的小企鹅标志，也迅速火遍网络。

同样，任正非也认为："创新不是推翻前任的管理，另搞一套，而是在全面继承的基础上不断优化。从事新产品开发不一定是创新，在老产品上不断改进不一定不是创新，这是一个辩证关系。一切以有利于公司目标的实现为依据，避免进入形而上学的误区。"模仿不只是一种学习方式，对于企业而言，模仿还是避免多走路、走弯路的捷径。

创新2.0：客户需求驱动

2003年，华为无线成为华为第一个按照IPD（集成产品开发）框架构建的产品线，从此，华为走上了以客户为中心、持续创新、高质量高效率交付的道路。同年，凭借对需求的快速响应和把客户目标放在第一位的态度，华为赢得独家承建阿联酋电信在中东的第一个3G网络的商用合同。这是当时华为海外市场的第一大订单，成为华为赢得各国运营商信任的起点。

2004年，创新的分布式基站解决方案诞生，帮助华为3G设备打开了欧洲市场。当年，华为无线销售额更是突破百亿元人民币，首次实现当期盈利。

2005年，华为无线正式进入全球第一大运营商沃达丰的全球供应链。华为抓住了与沃达丰合作的机会，使分布式基站成为华为突破全球市场的利器。之后华为无线推出第四代基站平台，发布Single RAN解决方案，CDMA（码分多址）在国内打了一个漂亮的翻身仗，向运营商交付了全球第一个LTE（主流第四代移动通信技术）网络。

2009年，华为无线销售额破百亿美元，成为华为首个百亿美元产品线。华为无线的领先，是技术和工程持续创新的必然结果。

先进的技术、产品只有转化为客户的商业成功，才能为公司产生价值，因此华为在该阶段提出了"领先半步"的研发创新理念:"在产品技术创新上,华为要保持技术领先,但只能领先竞争对手半步,领先三步就会成为'先烈',明确将技术导向战略转变为客户需求导向战略。……通过对客户需求的分析,提出解决方案,以这些解决方案为引导,开发出低成本、高增值的产品。盲目地在技术上引导创新世界新潮流,是要成为'先烈'的。"华为还做出硬性规定:每年必须有几百个研发人员转做市场,同时有一定比例的市场人员转做研发。

同时,华为主张在积累一定资源的基础上聚焦主航道,推进理性的、有控制的创新及渐进式创新。企业作为营利性组织,经营活动应该导向商业成功,要实现成本和质量的平衡。基于此理念,华为提倡做"工程商人",将创新和产品研发与市场需求紧密对接。正如任正非所说:"客户要什么,我们就赶快做什么。"其中,"工程商人"就是在作为工程技术行家的同时,能够多一些商人味道,真正理解客户需求,积极服务市场,而不是孤芳自赏、一根筋走到底。

除此之外,华为认为产品的开发要紧紧地跟上客户需求、市场需要,为客户创造价值。2003年,华为将研发部门从之前的成本费用中心调整为利润中心,与业务充分结合,要对利润、成本和收益负责。

为了实现在研发创新上领先对手半步的目标,2011年任正非在公司内部创立了一个神秘的组织机构——2012实验室,该名字源于2009年上映的美国灾难电影*2012*。任正非看完这部电影后畅想:"未来信息爆炸就像数字洪水,华为要想在未来生存发展就得构造属于自己的'诺亚方舟'。"

2012实验室以基础科学研究为主,专注于ICT领域前沿技术,面对未来5到10年的发展趋势展开研究,主要包括云计算、数据挖掘、AI等研究方向。毫不夸张地说,2012实验室是华为的"创新特区",是华为创新、研究、平台开发的责任主体,是华为探索未来方向的主战部队,也是华为整体研发能力提升的责任者。它既代表华为未来的核心竞争力,也代表华为自身的基础研究水平。

创新3.0:愿景驱动

随着华为在国际市场上的竞争力日渐增强,所面临的竞争对手也越来越少,华为开始进入"无人区",处在无人领航、无既定规则、无人跟随的环境里。在这样的背景下,华为需要迎难而上,以战略耐性和巨大投入追求重大技术创新,来保持领先者的地位。

于是,华为在2017年更新了自己的使命和愿景。针对新的愿景,华为提出了新的研发创新理念:基于对未来智能社会的假设和愿景,打破ICT发展的理论和基础技术瓶颈,实现理论突破和基础技术发明的创新,实现从0到1的突破。

理论突破和基础技术发明的不确定性非常高,这种不确定性决定了华为的创新不能是封闭式创新,而是要一起分享成果，共享能力。华为便以"开放式创新、包容式发展"的合作理念，与大学和研究机构、学术界、工业界联合，共同推动理论突破和基础技术发明的创新。

华为战略研究院：探索光计算、原子制造"无人区"

2019年，华为成立战略研究院，统筹研发创新的落地。华为战略研究院院长徐文伟表示："冰层之下的技术才是真正的竞争力。数学、芯片设计、材料、散热等，这些是背后的基础能力，而战略研究院主要负责5年以上的前沿技术的研究，旨在成为华为在未来5~10年技术领域的清晰路标。面向未来，确保华为不迷失方向，不错失机会。同时，开创颠覆主航道的技术和商业模式，确保华为主航道的可持续竞争力。"

早前，任正非接受媒体采访时明确表示，支持大学教授做基础研究。他这样讲道："他们就像灯塔，既可以照亮我们，也可以照亮别人。"战略研究院每年投入3亿美元至大学，支持学术界开展基础科学、基础技术等的创新研究。其中又有1亿美元专门用于前沿技术的探索，采取"支持大学研究、自建实验室、多路径技术投资"等多种方式实现创新的落地。

在研究方向方面，华为也有自己的地图，覆盖从信息的产生、存储、计算、传送、呈现，一直到信息的消费的全链条。比如显示领域的光场显示，计算领域的类脑计算、DNA存储、光计算，传送领域的可见光等，基础材料和基础工艺领域的超材料、原子制造等。

以光计算为例,徐文伟说:"我们知道现在数据的种类越来越多,并且受摩尔定律限制,用一种计算架构实现所有数据的处理成本非常高,因此,异构计算是突破摩尔定律的路径之一。

华为投入光计算的研究,利用光的模拟特性,实现数据处理中的复杂逻辑运算。

比如,在AI领域,计算量的80%是矩阵变换、最优求解等,这些运算用CPU做,效率非常低,如果用光计算,效率会提升百倍,因为光本身可以衍射、散射等,具备这种数学特性。光计算省去大规模数模转换的过程,在这些特定的领域有着天然优势。

试想一下,随着计算量向AI等转移,80%的计算量可能更加适用于新的计算架构,效率将百倍地提升,那么,摩尔定律的问题,就会很大程度上被解决。"

除此之外,华为还投资DNA存储以突破数据存储容量极限,投资原子制造以突破摩尔定律极限。华为不断探索理论的突破、基础技术发明的创新,勇敢地进入前人所未至的领域。

2021年9月,华为推出了"欧拉计划",瞄准国家数字基础设施的操作系统和生态底座,覆盖服务器、通信和操作系统多个领域的软硬件融合,将为行业提供软硬件服务,立足于数字基础设施，比如基站、通信设备、服务器等，建立起庞大的数字化生态体系。

　　华为走过的每一步都少不了创新带来的力量，这股力量融入华为的产品、管理、战略中，成为华为的制胜法宝，"创新"也成为其他企业追赶华为时所学到第一个关键词。但这样的创新模式是否真的对每一个企业都适用呢？或许也不尽然。

2. "贸工技"或"技工贸"？数字创新不是简单选择题

关于究竟是"蛋生鸡"还是"鸡生蛋"的学术争论，无论从哪个角度都可以高谈阔论一番。而关于"贸工技"还是"技工贸"的战略选择，对企业管理者来说却不能没有定论。这是企业发展的现实问题，但也应回归社会现实与企业现状，在做出选择时慎之又慎……

"柳倪之争"：商业与技术的碰撞

联想自1984年成立以来，柳传志和倪光南这两位联想的核心人物一直保持着比较和谐的合作关系，而这一切的转折点出现在联想成立的第11个年头。

"……柳传志同志和倪光南同志二人在联想的创业和发展过程中，都有突出贡献。二人曾团结工作、优势互补，给联想的成功创造了条件，给其他科技企业树立了榜样。今天的状况，令人惋惜，令人深思。柳传志同志作为联想的主要负责人，对联想的发展做出了主要贡献。希望柳传志同志领导联想，为实现2000年的战略目标而努力奋斗。

为使联想更好发展，院将对董事会进行调整，加强董事会的工作。一个大公司在发展过程中，不可能不出现领导者之间的意见分歧。今后应将董事会的工作规范化，建立起必要的科学民主的决策程序，并加强协调和沟通，以保证公司经营管理能高效运行。"

——摘自《中国企业家》
2000年第2期《柳传志心中永远的痛》

这次争论的起因要追溯到1991年，一场来自计算机产业的"黑色风暴"席卷了整个欧美，数以百计的计算机厂商不是倒闭就是亏损。与此同时，贸易壁垒被打破，中外计算机生产企业开始短兵相接。很快，包括联想在内的国内计算机企业发现，它们已经被卷入了一个自己不熟悉也无法把握的全新的竞争格局。

面对国际巨头的长驱直入，尽管1993年联想销售额首次排名国内企业第一，却是10年来第一次没有完成自有计算机销售指标。就在这时，国际市场上出现了一场颠覆性的变革，微软推出的Windows 3.2操作系统可以让微机不需要汉卡辅助，就可以很好地处理汉字，几乎没有附加成本，这导致联想汉卡销售额大幅减少。

身为联想总工程师的倪光南意识到，联想应该研发属于自己的核心技术，对标国际上的一流科技企业。于是他奔波于上海等地，广揽人才，与复旦大学和长江计算机公司联合成立了

"联海微电子设计中心",打算全力开发芯片等核心技术。倪光南正欲大刀阔斧大干一场的时候,却并未得到柳传志的支持。

此后两人的关系迅速恶化,联想的每一次工作会议都成了两人的争吵会。柳传志认为,倪光南是在"胡搅蛮缠";而倪光南则说"我永远和你没完。"曾经亲密无间的"双子星座"的关系就这样逐渐走到了悬崖边。

这场争论一直持续到1995年,最终以董事会同意免去倪光南联想总工程师职务而告终。这场争论也被后来人认为代表了中国企业"贸工技"和"技工贸"两条路线的争斗。

倪光南所代表的是"技工贸"路线。这一路线的核心在于,以技术研究和开发的成果来推动生产和贸易领域的发展。企业通过技术的不断创新,来提高产品质量和降低成本,从而获得市场竞争力。

柳传志所代表的是"贸工技"路线,认为企业首先需要关注贸易,通过销售来实现盈利和生存,在有了足够的资金和资源后,再进行技术的研发和创新。这种策略的优点是能够快速实现企业的生存和成长,并且能够根据市场需求进行技术的研发和创新,降低技术风险。

一直以来,企业是应该走"贸工技"路线还是"技工贸"路线,都是外界争论的焦点,然而到底哪个更优,却并没有一个定论。实际上我们拿一向被认为是"技工贸"代表的华为来看的话,就会发现华为早期的经营策略其实是"贸工技"。当时任正非先通过销售通信设备来积累资金和技术,再投入到研发中,最后才有了后面的"技工贸",最终成就了今天全球领先的通信技术公司华为。

所以从这个角度来看,"柳倪之争"并非简单的商业与技术的对立,而是对企业发展过程中不同阶段的不同需求的一种反映:"贸工技"注重市场销售和商业利润,"技工贸"注重技术研发和产品质量。

两种策略各有优点和缺点,企业要选择哪种策略?笔者认为还是要取决于企业的具体情况、发展目标和所处的市场环境等,这并不是一个简单的选择题。

"贸工技"或"技工贸",不是简单的选择题

在传统的商业发展策略中,一般会将"贸工技"作为成功的典范:先交易,然后工厂化生产,最后进入技术研发。多数企业都是凭借这种策略起家的,比如华为、联想等。归根结底,这种策略是十分符合以前的生产力水平和商业环境的。

然而,在科技日新月异的今天,这种策略不再适应所有情况。因此,以科技巨头苹果为首的"技工贸"新发展策略开始被大家广为接受。苹果在发展过程中,先进行技术创新,然后将之运用到生产的各类产品中,最后通过全球化的销售网络进行贸易推广。这一策略使苹果在科技行业崭露头

角，引领行业潮流。

但是一家企业凭借这条路线取得了成果，也并不能说"技工贸"就是所有企业的黄金法则。究竟要将哪一种路线作为企业的发展策略，还需要结合现实情况进行分析。

许多初创企业由于资源有限，必须先通过交易积累资金，然后才能投入到产品制造及技术创新中。这种情况下，"贸工技"策略或像华为那样的"贸工技"与"技工贸"相结合的策略就更适合它们。

就像如今汽车制造领域的新贵比亚迪，早期以电池制造为主营业务，通过贸易积累了资金和资源，之后又逐步进行技术创新和产品研发，开始涉足汽车制造领域，并成功推出了多款新能源汽车，成为中国汽车企业的领头羊之一。

亚马逊最初从"贸"开始，作为一家在线书店开始创业，然后将资金投入到扩大商品范围和自建配送网络中，最后成为云计算技术的供应商，颠覆了整个互联网行业。

当然，"贸工技""技工贸"也是可以相互转化的。所以企业需要在技术和销售之间找到平衡，既要关注市场需求和技术研发，也要注重产品的质量和成本的控制。同时，企业还要具备敏锐的市场洞察力和商业敏感性，以便及时调整经营策略和应对市场变化。

由此可见，"贸工技"或"技工贸"对于企业而言，并不是一道简单的选择题。**无论"贸工技"还是"技工贸",都只是企业的发展路线问题,无所谓对错,只有适合与不适合。** 在复杂的商业演化中,一家企业的成功往往需要依据自身实际情况,在这两种策略之间融会贯通、灵活变换、科学决策,以确保企业始终对市场的需求保持敏感,对竞争对手保持领先,对自身保持进取。

3. "胜利"或"屈辱":华为转让5G技术的真相

当第 $N+1$ 次因为手机电量不足只能在公众场合狼狈地寻找充电桩的时候,笔者也第 $N+1$ 次听到了来自助理的无能狂怒:"万能充电器,你快回来,我一人承受不来!"玩笑归玩笑,但我们都清楚地知道,万能充电器已经不可能再回来了,它已经被数字技术的创新迭代淘汰,技术一旦断代,就很难再回到牌桌了。

而这,也正是华为转让5G技术的真相。

芯片战?由何庭波的公开信所想到的

2019年5月17日凌晨,华为旗下的芯片公司海思半导体总裁何庭波发布的一封员工内部信迅速在朋友圈刷屏。何庭波称,海思将启用"备胎"计划,兑现华为对于客户持续服务的承诺,以确保公司大部分产品的战略安全和连续供应。

尊敬的海思全体同事们:

此刻,估计您已得知华为被列入美国商务部工业和安全局(BIS)的实体名单。

多年前,还是云淡风轻的季节,公司做出了极限生存的假设,假设有一天,所有美国的先进芯片和技术将不可获得,而华为仍将持续为客户服务。为了这个曾经以为永远不会发生的假设,数千海思儿女,走上了科技史上最为悲壮的"长征",为公司的生存打造"备胎"。数千个日夜中,我们星夜兼程,艰苦前行。华为的产品领域如此多元,面对数以千计的科技难题,我们无数次失败过,困惑过,但是从来没有放弃过。

今天,是历史的选择,所有我们曾经打造的"备胎",一夜之间全部"转正"!多年心血,在一夜之间兑现为公司对于客户持续服务的承诺。这些努力已经连成一片,挽狂澜于既倒,确保了公司大部分产品的战略安全和连续供应!今天,这个至暗的日子,是每一位海思的平凡儿女成为时代英雄的日子!

华为立志,将数字世界带给每个人、每个家庭、每个组织,构建万物互联的智能世界,我们仍将如此。今后,为实现这一理想,我们不仅要保持开放创新,更要实现科技自立!今后的路,不会再有另一个十年来打造"备胎"然后"换胎"了,缓冲区已经消失,每一个新产品一出生,将必须同步"科技自立"的方案。

前路更为艰辛,我们将以勇气、智慧和毅力,在极限施压下挺直脊梁,奋力前行!滔天巨浪显英雄本色,艰难困苦铸造诺亚方舟。

何庭波

2019年5月17日凌晨

这场芯片战背后的真相是复杂的。一方面，美国对华为的制裁确实给华为带来了很大的困扰。另一方面，这也促使华为加快了自主研发芯片的步伐。自主研发是华为未来发展的关键，只有通过自主研发，华为才能真正掌握自己的命运。

华为的不足也代表着中国科技产业的不足。尽管中国已经成为全球最大的智能手机市场，但在芯片等核心技术领域仍然存在短板。所以这一次的芯片之战也在提醒中国每一家科技企业，要发展中国科技产业，就必须加大自主研发的力度。**只有通过自主研发，才能真正掌握自己的命运，推动中国科技产业的快速发展。**

"华为向美国转移5G？"技术一旦断代，回牌桌很难

2019年4月15日，华为总裁任正非在接受采访时表示，包括竞争对手苹果在内，华为将对其他手机厂商开放出售5G芯片和其他芯片。同年9月10日，任正非再次表示，华为已经准备好和世界分享5G技术——买家可以以一次性付费的方式，永久使用华为现有的5G专利、许可证、代码、技术蓝图和生产技术，甚至还被允许修改源代码。

此话一出，便引起了各国学者与媒体的热议。有人认为这是大义之举，华为为整个数字通信业的健康发展做出了巨大牺牲；也有人认为这是华为抵挡不住制裁的压力而示意投降的屈辱之举。各种说法甚嚣尘上，莫衷一是。

作为华为副董事长的胡厚崑在被问到任正非所说的"要把5G的专利和技术出售"一事时表示：如果这一提议得以实现的话，一方面可以促进5G的全球供应链产生更多的良性竞争，这是华为十分乐意看到的局面；另一方面，世界对华为5G技术还有许多疑虑，尤其是安全问题，如果以一种商业的方式让其他企业也能够掌握这项技术，并对其进行开发，则有助于减少世界对于华为5G技术安全性的疑虑。正如胡厚崑所说，无论华为这一举动是胜利还是屈辱，至少华为向世界证明了，"间谍论"完全就是一盆泼向华为的莫须有的脏水。

任正非敢说出这样的话，正是基于对华为自身及华为5G技术的坚定信心。当被问及如果一家美国公司得到了华为的"宝贵技术"，是否能把事情做好时，任正非答道："我不这么认为。"事实证明，愿意在疟疾肆虐的非洲沼泽中跋涉的只有华为，能将基站搬到哥伦比亚山区侧翼的也只有华为。除此之外，任正非对5G技术的未来也是充满信心的，"5G代表着速度，拥有这种速度的国家将迅速前进。相反，那些放弃速度和优秀互联互通技术的国家，可能会看到经济放缓"。

任正非的观点并非毫无道理——在数字创新的路上，技术一旦断代，想要再回到数字经济的牌桌是非常困难的。美国的"极限施压"或许可以一时成功，但在历史发展的必然趋势面前，这些施压也不过是螳臂当车而已。所以即使在强压下，华为2019年上半年营收仍以23%的高速增长收官。甚至在被美国列入所谓的"实体清单"后,华为还陆续签订了十几份5G商用合同,赶超了之前一直位于前列的诺基亚和爱立信。

华为转让5G技术并不仅仅是简单的"胜利"或"屈辱",背后涉及诸多因素。在全球化和科技竞争的背景下,中国的高科技企业面临着前所未有的挑战和机遇。华为作为中国科技企业的代表,需要在国内外政策和市场环境中做出明智的决策,保护和发展自身的核心竞争力。转让5G技术只是这一过程中的一环,在复杂而漫长的过程中,华为需要在国家、企业和合作伙伴之间寻求平衡和发展。

4. 现象级故事：华为 Mate 60 的发布创造了历史

"华为一款新手机的突然发售引发全网围观。于无声处听惊雷，很多网友直呼其为'争气机'，因为这款手机搭载的芯片，给人以无限想象空间。历经美国四年多的全方位极限打压，华为不但没有倒下，还在不断壮大，1万多个零部件已经实现国产化。华为突围，说明自主创新大有可为。科技自立自强，而今迈步从头越。"

——新浪微博@央视新闻

突破技术封锁，取得绝对胜利

2023年8月29日中午，华为终端官方微博分享了华为Mate系列手机至今累计发货突破一亿台的好消息，并同时宣布推出"HUAWEI Mate 60 Pro先锋计划"，当天12:08正式上线。紧接着，华为终端又正式宣布了"华为Mate 60系列开售"的消息。

手机新品一般都在发布会后才正式开售，所以华为这波未发布先开售的操作瞬间引发了"这是什么套路？""吃个饭的工夫，华为Mate 60突然开售了！""业界第一次吧，旗舰机线上线下都不开发布会，直接开售！"等热议，话题"华为Mate

60"更是从微博热搜榜第四飙升至榜一。

一直以来,华为手机都是中国智能终端产业的骄傲,同时也是全球最具影响力、最有品牌知名度、销量最高的手机品牌之一。据统计,华为曾经在2018年第二季度全球智能手机出货量排行榜超过苹果,首次位居全球第二,在2020年第二季度智能手机全球出货量更是超过三星,首次位居全球第一。

但是,随着被美国制裁,华为手机销量急转直下,消费者业务营收几近腰斩:2020年第四季度,华为手机出货量同比下降42.9%,从2019年第四季度的5600万台降至2020年第四季度的3200万台;2020年全年出货量下降21.6%,从2019年的2.406亿台降至2020年的1.887亿台。即便如此,华为仍未放弃手机终端产品线,自力更生,越战越勇。

此次,华为携带最新款智能终端华为Mate 60系列回归大众视野,产品一上市就引发了抢购热潮,上架即售罄,在经过多轮补货之后,仍是供不应求。与此同时,国内外更是刮起了华为Mate 60 Pro的拆机狂潮,连全球著名的半导体行业观察机构TechInsights也加入其中。

根据TechInsights的拆解报告,该芯片采用了先进的7nm技术。TechInsights副主席哈切森在接受对话访谈时更是直言:"麒麟9000S的水平是令人惊叹的,让人始料未及,并且肯定也是世界一流的。"他进一步解释称,这一成果意味着中国拥有非常强大的能力，并且在持续进行技术研发，其他国家都不应该小看中国。

从目前国内外各个机构对华为新手机更多的拆解报告来看，华为 Mate 60 Pro 中所使用的一万多种零部件，基本都实现了国产化：国产零件数占比达到 98%；国产零件价值高达 198 美元，价值占比达到了 47%。与华为 Mate 40 Pro 相比，同比上涨 18%。

北京邮电大学教授吕廷杰对此表示："如果真的全部实现国产化，这意味着在 5G 智能手机领域，我们解决了'卡脖子'的问题。"如今，我们可以毫不夸张地说，麒麟 9000S 的问世，不仅证明了华为具备与世界科技强国竞争的实力，同时也将鼓舞更多的中国企业在核心技术上实现自主创新！

当然，吕教授也指出，我们距离先进制程仍有一定差距，比如麒麟 9000S 与国际一线工艺相比，仍存在 2～2.5 个技术节点范围内的差距，这意味着我国与先进制程的 5G 芯片仍有 3～5 年的差距。不过这个差距是西方国家用自己的技术进步速度来衡量的，中国往往能用"中国速度"实现超越。

事实上，在芯片制造方面，中国企业近年来进步迅速。虽然从 7nm 到 5nm 再到 4nm，仍然需要长时间的艰难研发，但此次从 14nm 到 7nm 的工艺突破，已然证明了中国具备快速追赶的实力。

根据业内权威测试机构的报告，麒麟9000S在安兔兔跑分测试中可达70万分，性能强于高通骁龙888；而在复杂图形处理方面，麒麟9000S甚至优于骁龙888 10%左右。这充分说明了麒麟9000S作为一款自主设计的移动芯片，其CPU和GPU的性能已经达到甚至超过当前高端水准。更关键的是，根据用户反馈，Mate 60 Pro的流畅度明显优于搭载骁龙888的机型，且不发烫，续航表现出色。对消费者来说，更加流畅高效的用户体验才是选择手机的决定性因素。这充分证明，华为的麒麟系列已经在性价比上完胜国际同行。

原本大家预想的麒麟芯片归来会从中低端起步，再慢慢往高端突围。万万没想到，华为直接从上往下打破封锁。如今麒麟9000S搭载在旗舰机上，在高端芯片上实现了突破，可想而知，华为未来要制造中低端麒麟芯片就更不是什么难事了。

攻守易形，根本不止芯片突破，大反攻正式开始

华为Mate 60系列的推出，是科技战的一个关键转折点——这不仅代表了华为在科技创新方面的最新成果，更象征着中国科技产业在全球化进程中的崛起和壮大。

首先，华为Mate 60系列的发布标志着华为在攻守易形方面的重大突破。在美国对华为施行全面技术封锁的初期，华为的智能终端业务深受影响，不仅采购困难，连手机都难以生产。如今，华为通过不断创新和努力，自研核心技术，成功地推出了具有里程碑意义的麒麟9000S。在当前全球芯片产业链错综复杂的形势下，麒麟先进制程芯片的回归，不仅彰显了华为的研发实力和科技创新能力，也体现了中国科技产业的自主性和韧性，更是民族自尊心与自豪感的展现。

其次，华为Mate 60系列的发布，展示了华为在技术上的攻坚克难从未止步。华为不仅仅是一个消费电子制造商，更是一个能够引领行业发展，驱动技术创新的企业。所以华为Mate 60 Pro这款手机不仅采用了自研的部分硬件，更在操作系统、AI等方面有了创新突破。

华为Mate 60 Pro是全球首款支持卫星通话的大众智能手机。马斯克的"星链计划"引爆通信市场以来，卫星通信便成为下一代移动通信的代名词之一，备受行业追捧，但是其高昂的使用成本让普通消费者望而却步。华为Mate 60 Pro的上市大幅降低普通用户的使用门槛，即使在没有地面网络信号的情况下，用户也可以从容拨打、接听卫星电话，时刻在线。

华为Mate 60 Pro在全球率先接入AI大模型，智慧再升级。2023年年初，ChatGPT的火爆，加速了国内外科技公司对AI大模型的研究，在全球掀起了一场AI大模型之战。不过在国内主流智能终端厂商中，仅华为正式发布了自有大模型产品——盘古大模型。华为Mate 60 Pro搭载自研鸿蒙系统4.0，接入盘古大模型，成为高端智能终端中第一个吃螃蟹者。不仅如此，AI隔空操控、智感支付、注视不熄屏等备受用户喜爱的智慧功能亦全面回归。这些先进能力的加持，让华为Mate 60 Pro的智慧水平再次领先，为消费者提供更智慧的交互体验。[①]

并且，华为此次的创新成果并非局限于芯片技术，而是贯穿了整个科技产业链，从硬件到软件、从应用到场景、从终端到云端等开启了一场大联合，与包括中国科学院、紫光集团等在内的国内外众多高科技机构，共同打造芯片供应体系，共克时艰，整个中国芯片产业链在终端市场取得阶段性胜利。

最后，华为Mate 60系列的发布，也预示着华为在全球信息通信技术领域的一次重大反攻。从科技与市场竞争的角度来讲，一旦中国技术实现进一步突破，部分国家的芯片发展将因为失去中国这一最大需求市场而自食其果。从手机市场竞争来看，华为这一场翻身仗，意味着在未来的高端手机市场，每一次华为发布新机，都有可能导致苹果的市场份额下跌。

所以可以说此次华为的胜利不仅是华为产品与技术的胜利，也是中国科技产业的一次重大胜利，更是一次强有力的回击。

---

① 高超.华为手机凯旋[N].通信产业报，2023-09-11（005）．

5. 喝杯咖啡，一定能吸收宇宙能量？很可能只想上厕所

古希腊哲学家亚里士多德说："闲暇出智慧。"在闲暇时间里，大家能更加自由、自信地挥洒才智，不受空间、领域的限制。说起笔者在华为20年养成的最重要的习惯，那便是每天必喝一杯咖啡了。以至于在德石羿的新办公区进行装修时，我要求一定要在茶水间装上一台咖啡机，并且留出一张桌子与几把桌椅的空间，只为在工作陷入瓶颈时，能有个地方放松下来，喝杯咖啡，与同事闲聊几句。我们在工作上遇到的很多难题，就是在与彼此的一番番闲谈中得到启发，从而找到解决办法的。

跟任正非学"喝咖啡"："一杯咖啡吸收宇宙能量"

"高级干部与专家要多参加国际会议，多'喝咖啡'，与人碰撞，不知道什么时候就会擦出火花，回来写个心得。你可能觉得没有什么，但也许就点燃了熊熊大火，让别人成功。"

——任正非《最好的防御就是进攻》（2013年）

华为从一开始就对"闲暇出智慧"这一观点深信不疑，所以任正非才时常说起，"一杯咖啡吸收宇宙能量"。而仿佛想要验证这句话般，在华为的园区内到处都是咖啡吧。孟晚舟在演

讲中也曾提到:"在这里,你可能会偶遇公司高管,正在接受访谈;可能会看到外国面孔,正在用流利的中文分享他们的观点;也可能会发现一群年轻人在白板上推演公式,因为观点不同而激烈辩论。我们坚信,科技公司最主要的价值创造是创新,而创新之源来自员工的活力与创造力。未来不是'省'出来的,而是持续投入和努力奋斗所创造出来的。热火朝天的讨论、思维火花的碰撞,往往是灵感的源泉、攀登的起点。"

2022年4月30日,华为一手打造的前沿思想沟通平台——黄大年茶思屋科技网站正式上线。这是一个不受物理位置的约束,线上线下无缝衔接的、全天候的、开放的科学与技术交流平台。该网站聚焦学术领域的探索、开放和思辨,集合各个领域的专家学者、科研团队,以便展开思想碰撞和学术交流,促进产学研用的协作共进。

"黄大年茶思屋"是国际知名战略科学家、我国国宝级的地球物理学家黄大年取的名字。每当科研遇到困境时,他就会在茶思屋里喝喝下午茶,慢下来,想一想。黄大年认为轻松愉悦的环境能更好地促进思想交流。

黄大年茶思屋提供的主要服务包括:

(1)通过学术热点和精选论文,共享学术前沿趋势、分享学术成果,呈现全球科研智慧;(2)通过咖啡茶话,共享原汁原味的学术交流活动和专家观点,联接全球科研思想;(3)通过STW(Strategy and Technology Workshop,华为与业界探讨未来行业发展及技术演进的研讨会），参与全球重量级技术峰会，分享重大技术机遇与变革；（4）发布技术难题，聚合最强大脑，展开技术合作；（5）观看全球顶级的科技赛事，了解产学研合作的最新成果。

目前，黄大年茶思屋不仅在线上运营，还在华为、各地科技园、清华大学和四川大学等地陆续开门迎客，将"一杯咖啡吸收宇宙能量"扩展成了"一杯咖啡吸收宇宙能量，一间茶思屋汇聚庞大思想群"。

当一杯咖啡、一杯茶变成了一种催生创意的渠道，我们也就能明白，"一杯咖啡吸收宇宙能量，一间茶思屋汇聚庞大思想群"的重点从来不在喝咖啡、喝茶，而是创新、交流和学习。

"一杯咖啡吸收宇宙能量，并不是咖啡因有什么神奇作用。而是利用西方的一些习惯，开放表述、沟通与交流。你们进行的普遍客户关系，投标前的预案讨论、交付后的复盘、饭厅的交头接耳……我都认为在交流，吸收外界的能量，在优化自己。形式不重要，重要的是精神的'神交'。咖啡厅也只是一个交流场所，无论何时何地都是交流的机会与场所，不要狭隘地理解形式。"

——任正非

《什么是"一杯咖啡吸收宇宙能量"》（2017年）

喝咖啡或喝茶只是一种交流的形式，**与外界进行交流、分享经验和创新思考，从而激发更多的灵感和创意，才是这一形**

式的最终目的。

喝咖啡只是形式，开放才能创新

在信息化和全球化尚未普及的时代，进行技术创新的企业大多依靠自身积累的创新资源在企业内部设立研发部门完成创新活动。随着信息技术的发展和经济全球化的蔓延，全球竞争日趋激烈，也使企业商业模式和创新模式发生变化。如今，很多大规模创新，都是通过生态集聚的办法，由众多公司或组织共同完成的。

因此，众多国际大型公司开始考虑利用外部的创新资源开发产品，与大学、企业、科研院所之间开展紧密合作，逐步形成创新网络，选择外部创新合作伙伴，进行创新成果的交换和共享。那些长期被搁置没有产生经济效益的成果，大多被出售给第三方。这种开放式创新模式，能更好地帮助企业抓住新的商业机会，分摊风险，集中具有互补性的优势，最终实现协同。

依据华为的多年实践，开放式创新既要内部开放，又要对外开放、广泛进行合作，吸收世界范围内的最新管理经验和技术研究成果，虚心向国内外优秀企业学习，在独立自主的基础上，共同发展领先核心技术体系。

内部开放是前提和基础，没有内部的开放心态、开放机制，对外开放毫无意义，难以产生应有的价值。所以在内部，华为采取先规范、后放开的方式，促进员工思想的开放与活跃,让聪明才智得到发挥——构建"罗马广场"和"心声社区",让大家畅所欲言;营造容纳失败的文化,对失败项目中的人才予以重用;炸开封闭的组织和人才金字塔,充分发挥群体智慧;建设有竞争力的软硬件平台、技术管理体系,打造"百年教堂"的平台基础;以全球视野在世界各国布局海外研究所,引进海外人才;与全球30多家运营商建立联合创新中心……

在对外合作上,华为始终保持开放的态度,与世界各国的伙伴加强合作,与竞争对手进行交流,并在标准和产业政策上与它们结成战略伙伴。

随着各行各业的产业链正在被重构,跨界合作成为趋势,华为持续推进生态系统的构筑,与ICT产业链上下游合作伙伴持续开展联合创新,推动产业链成熟。

基于前期构建技术联盟得到的技术积累,华为在价值链合作方面提出了三角联盟的构想,在运营商和SP之间作为商业领导者,与上下游企业开展合作研究,如图4-2所示。

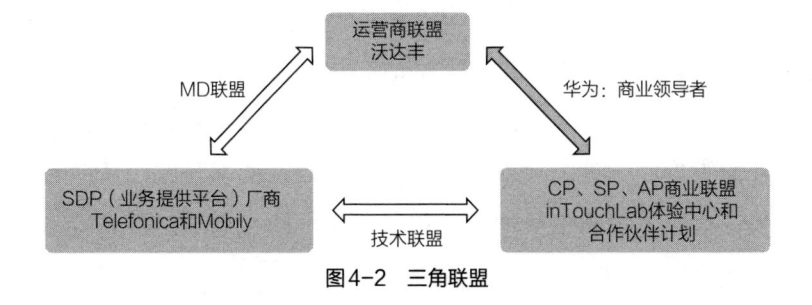

图4-2 三角联盟

华为在为市场提供终端产品及系统时，一直都以积极的、开放合作的态度与国内外运营商、SP/CP及其他合作伙伴共同发展。华为的研发伙伴中既有大客户沃达丰，也有上游供应商英特尔，还有纯粹的技术公司BroadSoft和Sylantro System，更有间接的竞争对手摩托罗拉、西门子。华为与西门子成立了合资公司，专注于TD-SCDMA的研发、生产、销售和服务。华为还和PCCW、Sunday、Korea Telecom等30多家运营商开展广泛合作。

除此之外，华为通过专利许可谈判，与通信行业几乎所有主要的IPR拥有者，如爱立信、诺基亚、西门子、北电、阿尔卡特、高通等公司达成知识产权交叉许可协议，实现技术的共享与共创。例如，前几年华为推出的无线产品，技术灵感并非华为独创，而是诞生于和沃达丰等知名运营商的合作过程中。

华为的开放式创新既很好地利用了其他企业的创新成果，也将自己的专利成果与这些企业进行了分享，最终打造了一种基于企业实力建立起来的和谐商业环境。

正如任正非在一次内部会议上谈到的："心胸有多宽，天下就有多大。这个时代，如果说我们的系统能够很好地开放，让别人在上面做很多东西，我们就建立了一个共赢体系。我们没能力做中间件，做不出来，我们的系统就不开放，是封闭的。封闭的东西迟早都要死亡。众人拾柴火焰高，要记住这句话。"

NO.5

数字化转型：
不是可选题，而是必选题

在今日的商业环境中，数字化转型已不再是一道可选题，而是所有企业都必须面对的必选题，是衡量企业竞争力的重要标准。它不仅关系到企业的当前表现，更决定了企业在未来市场中的生存能力。无论优化现有业务流程，还是探索全新的商业模式，数字化转型都是企业适应数字时代、把握新机遇的关键步骤。

1. 永恒&无常：数字化是延缓熵增的变革

当新一代皇帝取代旧主时，成本是比较低的，因为前朝的皇子、皇孙形成的庞大的食利家族，已把国家拖得民不聊生。但新的皇帝又生了几十个儿子、女儿，每个子女都有一个王府，以及对王府的供养。他们的子女又在继续繁衍，经过几十代以后，这个庞大的食利家族大到一个国家都不能承受。人民不甘忍受，就又推翻了它，它又重复了前朝的命运。

——任正非《关于人力资源管理变革的指导意见》

历史处于永恒的变化之中，而这一变化的发生又是无常的，这让笔者不禁思考：到底是什么在决定着兴衰更替的发生呢？

熵增决定世界万物从无序到有序，最终走向死寂

熵增定律源于德国物理学家鲁道夫·克劳修斯在1850年提出的热力学第二定律，该定律指出：热量总是自发地从高温热源流向低温热源，而不能自发地从低温热源流向高温热源。5年之后，克劳修斯又首次引入"熵"的概念，以定量表述热力学第二定律。至此，热力学第二定律被扩展到了更为广阔的意义上,而熵增定律也逐渐渗透信息论、生命科学,乃至宇宙学当中。

要将这个理论解释得更简单易懂的话,我们可以假设桌子上有两个杯子,一个杯子里面装了热水,一个杯子里面装了冰块,然后将热水和冰块的分子排列情况简化一下。如果两个杯子里的分子都只有四个,那么冰块的四个分子全部紧密挨在一起,就只可能有1种排列方式;而由于热水是松散排布的分子,所以即使只有四个分子,排列方式可能存在的状态也有无数种。

那么按照玻尔兹曼熵公式 $S=k \times \ln W$（S 是熵，k 是玻尔兹曼常数，W 是微观状态的数目），我们可以进一步得出结论：当物体可能的状态数越多的时候,熵就会越大。而状态数越多,其实就是更无序、更随机的情况,代表着更多的可能性。

所以从这一角度来讲,更高的熵就代表了事物更无序、更混乱,可能性更多,随机性更强的一种状态。而所谓的"熵增",指在一个封闭系统中,熵会随着时间的推移而增加,换句话说,就是物体倾向于变得更加混乱和无序。

对于人类个体而言,随着年岁的增长,身体组织细胞功能会逐渐退化,思维也会逐渐固化。多数人年少时充满活力、热情奔放,对未知积极探求;到了中年却变得大腹便便,观念僵化;到了老年,脑力、体力也会变得越来越差。

将这个理论放在群体发展中也同样适用。

随着企业规模的不断扩大，组织架构会逐渐变得臃肿，人浮于事，整体工作效率和创新意识都会降低；一个国家如果不懂得开放和变革，那么就会加速混乱、走向灭亡，清朝因为闭关锁国而积弱积贫，最终走向衰败。

总的来说，熵增定律是生命与非生命的终极定律。它揭示了宇宙演化的终极规律，大到宇宙、自然界、人类社会，小到任何一个生命体，都在向着无序化迈进，最终都会因为熵增而走向衰亡。所以笔者常说：**"国家熵增，导致王朝兴衰更替；企业熵增，导致百年老店不常有；家庭熵增，导致富不过三代。"**

英国化学家彼得·阿特斯金曾将熵增定律列为"推动宇宙的四大定律"之一，因为宇宙作为一个封闭的系统，最终也会慢慢达到熵的最大值，从而出现物理学上的热寂，变得像沙漠一样。因此，在许多人看来，熵增定律是十分消极、无奈的定律，甚至可以说是有史以来最令人绝望的物理定律。

那么，既然宇宙之熵始终在不断增大，世界终将变得无序，个体也终将走向死亡，我们面对这一铁律，就只能听天由命吗？也不尽然，这个世界的常态的确是混乱无序，而井然有序只需一点刻意营造来实现。

"生命以负熵为食"：引入负熵，延缓熵增

比利时科学家伊利亚·普里高津于20世纪70年代提出耗

散结构，致力于打造一个远离平衡态的开放系统。当这个系统不断与外界交换物质和能量时，就可能在一定的条件下形成一种新的、稳定的有序结构。也就是说，如果事物处于持续不平衡或者不均匀的状态中，它就不会陷入熵死的状态。

耗散结构这一理论令人惊艳，而将它与现实生活相连接，我们更会惊奇地发现，人体本身就是一个典型的耗散结构。人体细胞无时无刻不在进行着新陈代谢，甚至每七年就会全部换过一遍，从某种意义上来讲这不就是一种重获新生吗？

奥地利著名物理学家薛定谔在他的著作《生命是什么》中这样写道："生命是一团负熵（或一团'秩序'），它能够通过摄取'有序'的能源（如食物或阳光），并排除'无序'的废物，使得生命体能够在熵增长的宇宙中保持或增加其内部的'秩序度'。"在他看来：**生命以负熵为食，人活着本质上就是在对抗熵增定律。**

而这一论断也从更广阔的世界观层面指引我们如何高质量地活着：在生存层面，人可以通过汲取水和食物来获得负熵；在发展层面，可以通过坚持健身来保持健康、延缓老化；可以通过与家人朋友保持良好关系，维持良好的心理状态；可以通过阅读和学习，使自己与外部世界形成一个更为开放的互通系统……

其实我们都明白，要让这些目标全部实现实在不是一件容易的事，因为获得负熵的过程其实就是我们与自身的人性弱点对抗的过程——因为人性本质上会追求舒适，倾向于惯性，害怕改变，喜欢安逸，讨厌复杂。但在接触过许多成功人士，见证过许多成功事迹后，笔者还是必须要说：**这些"逆人性"的熵减操作，才是个体和组织长久保持优势的秩序之源。**

华为作为中国企业的领军代表，早在2011年就将耗散结构这一理论成功地运用在了企业的经营管理之中。

2019年华为大学推出了《熵减：华为活力之源》一书，思想研究院在总结任正非思想和企业管理实践基础之上，提出了华为活力引擎模型，如图5-1所示。

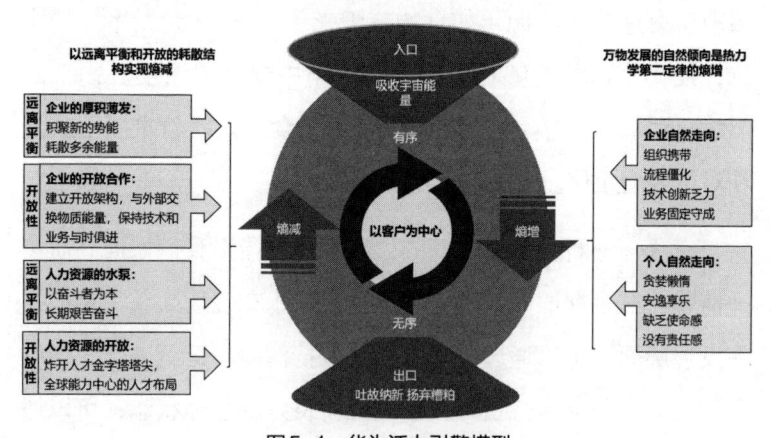

图5-1　华为活力引擎模型

华为活力引擎模型的核心是以客户为中心，上方是开放入口，代表企业从外界吸收宇宙能量；下方则是出口，用以吐故纳新、扬弃糟粕；右边表示的是企业和个人发展的自然走向，遵从热力学第二定律的熵增，会让企业失去发展动力；左边表示的是企业通过建立远离平衡和开放的耗散结构，引入负熵，逆向做功，从而实现熵减。

综合来看，通过内外部能量的交换，可以吸纳有用的资源与能量，舍弃糟粕，拓宽企业的作战空间和生存空间；同时，对内可以激发组织和个人活力，促进企业发展，进而由内到外长期保持生命活力，对抗自然熵增，延迟或避免企业熵死。

除了建立耗散结构，企业还应当避免路径依赖，这虽是一句题外话，但也不得不提。

路径依赖的本质是封闭——一旦做了某种选择，那么无论这个选择是好还是坏，都是走上了一条不归之路。因为惯性的力量会使这一选择不断自我强化，并让人无法轻易地走出去，只能在原有的系统里不停地循环。避免路径依赖要求突破原有的系统，找到一条去往更大、更开放的系统的新路径。

在萨提亚·纳德拉上任之前，微软就因为过度依赖预装在一台台计算机上的Windows操作系统获利，跌入了前所未有的低谷。对此，纳德拉曾说："微软内部有一个坏习惯，那就是不会推动自己继续前进，因为我们对曾经所取得的成功感到自满。我们现在正在学习如何忘记过去的成就。"纳德拉在上任之后做出了微软发展史上的重要决定——调整核心业务，放弃对存量市场的执念，让微软不再过分依赖Windows操作系统，而是寻找其他新的盈利点,并杀出重围。

我国也有不少企业居安思危,在危机来临之前通过不断创新,避免了路径依赖,使企业的商业版图得以扩大。

2010年,QQ发展得如火如荼,谁也没有想过QQ会被替代。但马化腾及时察觉风向,发现危机,在短时间内大胆改革,积极组织团队开发新产品,成功推出了微信,在社交平台这一业务上打造了一个全新的且形成口碑传播的爆款社交软件。

除此之外,阿里巴巴在B2B平台运作成功后,并没有因循守旧,而是相继开发了C2C电商淘宝、B2C电商天猫及盒马鲜生等新零售业务。它借助自身优势增加自身实力,以多线发展确保自身处于不败之地。

正如任正非所说:"企业只有长期推行耗散结构,保持开放,才能与外部进行能量交换,吐故纳新,持续地保持活力。"不论是个体发展,还是企业经营,乃至整个社会,我们都应该时刻警惕熵增定律设下的陷阱。在到达某一个点时,我们应点击"刷新",重新注入活力并激发生命力,思考自己存在的意义,让自己始终处于对抗熵增过程中。

数字化转型是对抗熵增的有效手段

企业盛极而衰,主要原因是没有耗散既有的"成功",墨守成规,于是走向了失败。企业只有不断地创新和变革,抓住战略机会，打造"第二曲线"，才能对抗熵增，实现持续增长。

数字化转型可以成为企业对抗熵增，实现可持续发展的有效手段。

【案例】宝洁通过数字化转型，实现可持续发展

宝洁成立于1837年，是全球最大的快消品公司之一，在全球有70多个品牌，涵盖十大品类，产品销往全球180多个国家和地区。

宝洁源于美国，1988年进入中国。启动数字化转型以来，宝洁积极拥抱数字化变革。比如，在广州成立了专门的数字化创新中心，支持数字化转型。

宝洁的数字化转型愿景是"做领先的数字变革和大数据实体公司"，希望通过业务流程、商业模式、企业文化的变革，来推动品牌建设和业绩增长。

（1）业务流程变革

宝洁的业务流程变革分为三步：流程数字化、流程优化及流程自动化。

第一步是流程数字化，将不在系统中或者与系统割裂的线下流程进行线上化，实现系统的整合和业务的数字化。

第二步是流程优化，优化已有的数字化流程，以及用AI来优化决策。

第三步是流程自动化，随着AI变得越来越成熟，公司可以布局线上机器人自动决策系统。

（2）商业模式变革

宝洁的商业模式变革聚焦三个方面：新产品和新服务、新触点和新渠道，以及新供应链。

第一方面是新产品和新服务。宝洁摒弃以往一对一的消费者调查模式，通过运用大数据分析，精准定位消费者需求，进而设计能满足消费者多样化需求的新产品。例如，欧乐B推出的内置智能工具的iO电动牙刷，可以通过实时辅导和刷牙计时器等功能满足消费者监测口腔健康的需求。

第二方面是新触点和新渠道。宝洁投入了大量的时间和成本在媒体、产品、货架等触点上与消费者互动，并通过招募会员等方式建立长期连接。

第三方面是新供应链。宝洁运用数字化技术，建立了高效的绿色供应链（To C供应链）。传统模式下的电商供应链需要经历"工厂—宝洁分销中心—经销商仓库—电商中心仓库—分销分仓—消费者"的漫长环节，To C供应链能有效减少中间环节，节省中间成本，提升供应链运输效率，为消费者提供更好的服务。

（3）企业文化变革

人才可以真正地使技术落地并创造价值。宝洁认为，未来企业中每一位员工的DQ（数商）将与IQ（智商）、EQ（情商）同等重要。因此，企业文化变革是决定数字化变革能否成功的重要一环。企业要让员工真正地拥抱数字化变革，并且提升他们的数字化技能。

宝洁在企业文化的数字化变革上，通过举办数字科技节等方式，邀请众多数字化领域的大咖分享最前沿的应用；通过创新之旅等活动，带领员工去不同的创新中心直观地学习数字化变革的具体应用。

近年来，宝洁的数字化转型在业界受到了跨行业的认可。通过持续开展数字化转型，宝洁在和同业、异业之间的竞争中更具有优势，带来了非常多的商业价值，促进了商业成长，实现了业绩持续增长。

宝洁发布的2023年财报显示，宝洁2023年的净销售额达到820亿美元，约合人民币5871.2亿元，同比增长2%。这是宝洁继过去十年持续保持增长后，净销售额首次突破5800亿元，再一次创历史新高。在2021—2022年国际局势动荡、疫情持续反复的艰难大背景下，宝洁仍然能够保持稳步前进，跨过5000亿元的大关，获得了超预期增长，这离不开数字化转型的成功实施。

数字化工具和手段能打破区域阻碍、空间隔阂、组织界限和行业边界，改变封闭的熵增系统。而数字化转型通过利用数字化工具和手段,帮助企业建立起耗散结构,引进数字化思想,培养数字化人才,驱动商业模式创新,赋能企业经营和管理,对抗熵增,最终使得企业实现熵减。

在全球数字经济的大浪潮下,开展数字化转型,已成为企业适应数字经济,对抗熵增,谋求生存发展的必然选择。

2. "机器换人" vs "软件换脑"：技术只是冰山一角

数字化转型："发现即拿下"

在企业管理中，华为提出"少将连长"这一概念，并强调"让听得见炮火的人呼唤炮火"。企业只有具备调动资源和决策的能力，才能实现对市场动态的实时感知、实时分析、实时决策、实时行动，实现对商机和客户的"发现即拿下"。

当前，数字化正推动经济社会产生巨变，各行各业的数字化转型已经势不可挡。业界已经对此达成了高度统一：未来，每一个企业都要成为数字化企业。虽然最终的结果是统一的，但是过程总有先后，所以企业要积极抓住数字化这一重大机遇，开启数字化转型，实现"发现即拿下"，推动企业的价值实现提升。

那么，究竟什么是数字化转型？企业应该如何进行数字化转型呢？

数字化转型是一个大命题，不同的行业、不同的企业对数字化转型的定义有不同的理解。笔者这里引用全球知名调研机构IDC的定义，即"**利用数字化技术（例如，云计算、大数据、AI、物联网、机器人、区块链等）和能力来驱动组织商业模式创新和商业生态系统重构的途径和方法**"。尽管企业对数字化转型的理解有一定出入，但企业数字化转型的目的是一致的，即实现企业转型、创新和业绩增长。

制造业领域出现过一个术语，叫作"机器换人"。在2014年8月公布的《东莞市"机器换人"专项资金管理办法》中，"机器换人"是指企业通过利用先进自动化生产设备进行技术改造升级，进一步减少企业生产用工总量，优化工艺技术流程，提高劳动生产率和产品优质率，提升企业发展质量和水平。通俗地说，就是利用现代化、自动化的技术装备对企业进行智能改造，进而提高企业的产出效益。

为什么忽然提到"机器换人"这个词？到目前为止，笔者参加过不少企业的数字化转型实践，过程中笔者发现了一些问题，比如：

一些企业把数字化简单看作一种互联网新技术的应用，观念停留在生产与营销过程的信息化上；一些企业把数字化简单等同于将线下部分搬到线上，建立线上渠道、运营电子商务；还有一些企业认为，数字化转型就是在业务运营体系上搭载一个大数据平台……

上述企业把数字化看得太过简单，完全还是"机器换人"

的思维。只要在企业的业务和管理中嵌入数字化技术或者运用一些数字硬件/软件/系统，就是数字化转型了吗？只要用数字化技术代替一部分传统人工操作，实现生产效率的提高，就是数字化转型了吗？

不，不是这样的。

数字化转型是复杂变革，技术只是冰山一角

"机器换人"的思想仅仅停留在对数字化的初步认知上，而这样的认知是非常片面的，因为数字化转型不仅是一次技术革命，更是一次认知革命。这场思维方式与经营模式的革命，是涉及企业战略、文化、运营模式、组织结构、业务流程等方面的一场系统变革与创新，其复杂性和深度，远超我们的想象。

如果用冰山来比喻数字化转型，那么我们所看得见的，是水面上的企业数字技术革新；而那些浮在水面之下的，实际上是企业的经营运作优化，要做好战略管理、业务设计、流程优化、组织升级、文化重塑等一系列管理工作。可见，尽管技术在推动数字化转型中扮演着关键的角色，但仅仅依赖技术是远远不够的。

与"机器换人"相对的一个词，叫作"软件换脑"。笔者第一次看到这个词，是在一本题为《数字迁徙》的书中。作者指出比"机器换人"更重要的是"软件换脑"，在梳理并介绍

"软件换脑"之前,作者详细地解释了"机器换人"的片面性:

"'机器换人'事实上是一种碎片化供给,即针对企业生产过程中的一个或多个板块进行数字化改造,其余部分则保持不变,导致数字化系统相互之间、数字化系统和传统系统之间的数据无法自由流动,更无法进行全局优化,只能维持局部数字化生产,而这样的生产是低效率的。"

"数字化转型是一个不断更新迭代的过程,如果一个企业只关注数字化系统和机器的装配,不关注数字化软件的开发和更新,那么企业的数字化转型无法实现自我进化,数字化也无法成为核心竞争力被注入企业的基因,其结果只能是数字化的成本不断提高,而数字化带来的收益却增长缓慢。"

——冯伟《数字迁徙》

说回"软件换脑",按《数字迁徙》这本书中的意思,它是指企业的生产逻辑将从"依靠管理者经验和市场反馈的决策方式"变成"数字化软件和系统对消费者数据、市场数据、生产数据进行匹配、集成、计算、分析并提供优化方案和决策方案"的过程。也就是说,在企业的运行过程中,数据如何转化成信息,信息如何转化成决策,将全部依赖于数字软件。

这种见解有一定的道理。不过在笔者看来,软件作为一种新型的生产工具,过于重视数字软件和盲目追求新技术、新设备、新模式的应用,本质上和"机器换人"异曲同工。

所以笔者更赞同**数字化转型的核心在于"人"**这一观点。

彼得·德鲁克曾说:"在动荡的时代,最大的威胁不是动荡本身,而是延续过去的逻辑。"即是说,在数字时代,企业最大的敌人不是竞争对手,而是过去成功的逻辑,以及习惯性的思维方式与行为方式。前面笔者说过,**数字化转型不仅是一次技术革命,更是一次认知革命**。这个"认知革命"也就体现在这里了:

在数字时代,如果企业家和管理层没有数字化的管理思维,就会看不懂企业未来的数字化运营图,也看不懂企业未来的数字化运营与组织管理结构,更不了解数字时代的人性与人的需求。

所以,在数字化、智能化时代,笔者认为企业数字化转型真正的挑战在于,如何全面理解和应用数字技术,如何改变和重塑企业文化和运营模式,如何培养和挖掘人才。如此一来,企业不仅需要高度重视全员数字化素养的培育,还要自上而下将数字化思维贯穿企业精神文化、制度文化和物质文化建设的全过程,打造数字化人才生态系统,为数字化转型与变革提供有力的人才支撑。

我们经常说"新瓶装旧酒",但是数字化转型这个新瓶里可不能装旧酒了。我们不能再持有以前的"机器换人"的思维,而是要**改变那些旧的认知与思维方式,给新瓶装上醇香浓厚的新酒**,也就是全新的数字化思维方式和数字化认知。

3. 企业转型的数字逻辑：转什么？怎么转？转到哪？

正如"竞争战略之父"迈克尔·波特曾说过的那样，整体作战比任何单项活动都要重要和有效，企业需要建立起一个环环相扣的链条，这样才能将模仿者拒之门外。单点可能会被竞争者超越，但体系和链条是企业的竞争壁垒。在笔者看来，数字化转型是一种颠覆式的创新，是战略、业务、能力与保障四位一体的全面战略，是一场全方位、多维度、深层次的彻底变革。

数字化转型必须解决的痛点

2020年2月11日，世界卫生组织的一则官方通告，预示了"黑天鹅"事件将席卷全世界。一般而言，我们所说的"黑天鹅"事件通常指看似不太可能发生，但突然发生了的重大突发事件。

比如新冠疫情，就属于"黑天鹅"事件。它的爆发，让社会停下了发展的脚步，企业生产活动被迫地发生改变，人们的生活空间被限制。于是，衍生了居家办公、远程协作和视频会议等企业新常态：

《哈佛商业评论》（2022年2月出版）指出，美国的部分公司宣布员工可以永久远程办公或者灵活安排工作时间，员工可依托Zoom、Email和智能手机等工作。公司将利用更加灵活多样的KPI，以考察员工的工作效率和效果，其中不乏IBM、普华永道等知名企业。

大家都见识到了传统生产在"黑天鹅"事件面前多么脆弱不堪，新的生产方式开始席卷全球，各行各业被卷入数字化转型浪潮中。我国企业也不例外：

埃森哲发布的《2022中国企业数字化转型指数》显示，在面对更为复杂的技术和商业变化时，中国企业的数字化投入和转型策略更为务实，有近六成（59%）的受访企业高管表示在未来一至两年会增加数字化方面的投入，其中计划大幅增加投入（15%以上）的企业占比为33%。

我们前面反复强调过，**数字化转型不是简单的技术换代，而是需要对企业的组织架构、文化、人力资源及领导力等方面进行重构，解决传统时代下企业战略、组织、业务和运营上的痛点**，这就意味着企业的数字化转型必然会遇到诸多障碍。《哈佛商业评论》的调查结果显示，企业在数字化转型时会面临十大主要障碍，如图5-2所示。

虽然障碍重重，但数字化转型已经成为企业打造核心竞争力的必答题。各领先企业纷纷把握技术红利和创新机遇，积极推进组织变革、业务创新和流程再造，推动研发、生产、管理、服务等关键环节的数字化转型，实现生态化的价值网络、弹性的组织边界、个性的产品服务、开放的研发体系、智能的生产方式等。

举个例子，对于零售业来说，库存周转天数是衡量企业运作效率的重要指标。所谓库存周转天数，是指企业从产品入库环节开始，一直到销售完库存所需要的总天数。一般来说，企业的库存周转天数越少，意味着其变现速度越快，资金占用周期越短。

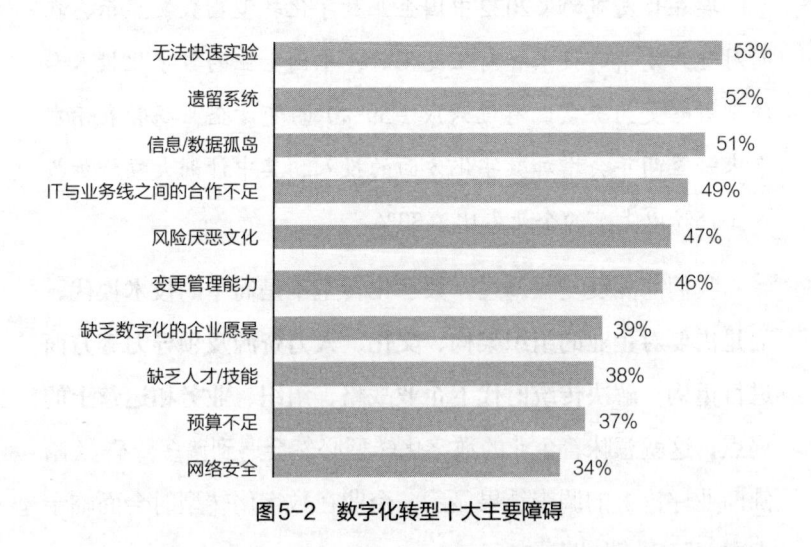

障碍	比例
无法快速实验	53%
遗留系统	52%
信息/数据孤岛	51%
IT与业务线之间的合作不足	49%
风险厌恶文化	47%
变更管理能力	46%
缺乏数字化的企业愿景	39%
缺乏人才/技能	38%
预算不足	37%
网络安全	34%

图5-2 数字化转型十大主要障碍

2021年3月，京东公布的财报显示，京东的库存周转天数降至33.3天，比全球零售巨头亚马逊的库存周转天数还要短一个星期。京东之所以能实现库存周转天数的减少，在于其常年深耕自建物流体系，成功推行了数智化供应链体系。

再有，海底捞斥资1.5亿元打造出无人餐厅，不仅昔日那些服务热情周到的服务人员被智能机器人取代，就连所有与食材加工相关的环节都被智能机器人统一前置到外包供应商和中央厨房环节进行处理。并且所有菜品从自动控温30万级超洁净的智能仓库中全部取出，然后通过0℃～4℃冷链保鲜物流货车进行全程运输，直达各门店。

如此看来，不论是京东的数智化供应链体系，还是海底捞的无人餐厅，抑或是其他企业将数字化技术融入业务流程实现创新，不仅推进了企业流程的高效运作，也给各行各业带来了更多的发展可能。

数字化对业务、体验和运营的三大重构

德鲁克指出："一个管理良好的组织，是一个平淡的组织，是一个安静的地方。没有什么令人兴奋的事情发生，因为危机已被预判，并有常规惯例预防危机。相反，如果是一个戏剧性的工厂、史诗般的行业，那么展现在顾客眼中的就只是管理不善。"

这句话我们也可以这么理解：**一个良好运转的企业，它的业务流程必然是适配的，反之，业务流程将会是混乱的。**

所以很多企业进行数字化转型，都是从业务流程开始的。

比如华为，其质量流程IT总裁CIO陶景文公开表示："任何不涉及流程重构的数字化转型，都是在装样子，是在外围打转转，没有触及核心。这样的数字化转型也不可能成功，真正的成功一定会为企业的效率带来10倍级以上的加速，打破原来流程的边界。"再如美的，美的作为我国目前数字化转型最成功的企业之一，我们来看看它是怎么做的。

2012年，美的集团旗下诸多子公司、事业部的流程不统一，管理方式不统一，数据标准也不统一，生产、销售、购买环节割裂、各自为战，IT系统有100多套，形成了一个个信息孤岛。

为了推进数字化转型，美的开始梳理业务流程，将主要流程划分层次，从外销到内销，从采购到付款，从产品开发到生产。借鉴麦肯锡公司的流程框架搭建方法，美的从集团抽调了业务骨干，与麦肯锡咨询顾问共同组成流程梳理团队，一点一点搭建美的整体业务L1到L4的流程框架。最后，美的将产品开发、订单交付等业务流程标准化，为美的的数字化转型打下了坚实的基础。

2019年，美的进入工业互联网，打通了制造端和消费端，内部五大流程：LTC（从线索到合同）、OTC（从订单到收款）、P2P（从采购到付款）、IPD（内部集成开发）和ICT（内部关联交易）实现端到端拉通，改变了之前流程割裂的状态。

业务流程是一套完整的企业端到端，为客户创造价值的活动集合，它是天然存在的。所以在科技浪潮席卷之下，数字化其实变成了一种流程优化的手段。而企业将业务流程等通过数字手段来重构，则是数字化转型过程中需要解决的重要问题，因为只有建设适配的业务流程，才能实现企业的良好运转。

然而，单是重构业务流程还不够。因为在数字时代，各企业的能力是越来越趋同的，而消费者的需求已经从传统的功能需求转变为场景化需求和服务体验需求。也就是说，在激烈的竞争格局下，企业想单纯依靠产品和技术突出重围已经越来越难。

因此，笔者认为企业数字化转型所要解决的核心问题是：如何运用AI、大数据、云计算等数字技术，及时满足海量的、碎片化的、实时的、多场景的客户需求，精准触达客户群体，为客户提供超值的服务体验。

这就要求企业综合考虑各种场景进行差异化的创新设计，以客户体验为中心，简化交易，打造极致的客户体验，以突出产品差异性，增强客户黏性。而数字化技术的出现，正好为企业提供了进一步了解和分析客户需求的方法，不仅能够帮助企业关注客户交易前的行为习惯和交易后的使用感知，围绕场景来设计优化业务流程及运作模式，重构友好简单的客户体验；还能加深与客户的连接，帮助企业全面建立客户视角，拓宽数字化场景的宽度。

再来说运营的数字化。我们以传统零售行业为例,直播、电商、O2O、外卖、社区团购等新商业模式的出现使竞争日益激烈,所以传统零售企业要想快速挤进新赛道,就离不开数据的支持。比如,分析目标客户群体的活跃平台、竞争对手的销售情况、不同平台的目标群体特性等。

可以说,**发挥数据的价值,实现数据驱动的智能决策是传统零售企业向新零售企业转型的关键**。换言之,企业在运营过程中将数据决策接入业务执行系统,将有利于业务执行系统逐步实现从"人+系统"到"机器人+系统"的自动化、智能化升级,逐步减少对人工决策的依赖,而且数据指导的智能决策更高效精准,能有力支撑业绩快速增长。

综上所述,笔者认为数字化转型需要从企业战略和业务需求出发,以作业模式更高效为核心,通过数字化手段来重构业务流程、客户体验和内部运营,让客户交易更友好简单,内部运营管理更灵活敏捷,成本在质量可控下更低廉。

"高频度、高风险和高能耗"决定入手点

笔者曾被邀请参观一家企业的数字化项目,去之前听说该项目取得了很大成果。我到了现场一看,发现原来就是在老板的办公室里面装上了几块大的共享屏幕,上面显示各种业务的情况,看起来比较震撼。但是,当我问老板企业经营收入是否发生明显变化时,老板却没法说出具体的变化。

这家企业的问题实际上很多企业都存在。有时候，企业的数字化转型做着做着，就变成了向老板做数字化，而不是围绕业务做数字化。所以企业必须时刻警醒：**业务才是数字化的目标**。

前面的内容对业务数字化是什么，怎么实现业务数字化，进行了简单的介绍。那么如何从企业众多业务场景中，选择典型的业务场景作为数字化的突破口，助力企业数字化转型流程的搭建呢？要知道，企业的业务场景是多样的，而且每一种场景的落地方法，包括业务流程、业务架构、技术支持等都是不同的。

寻找业务数字化突破口的关键点是定位业务中的主要矛盾。笔者和团队结合多年的咨询经验，总结提炼了"三高法"（如图5-3所示），对准业务价值，定位业务主要矛盾和矛盾主要方面。

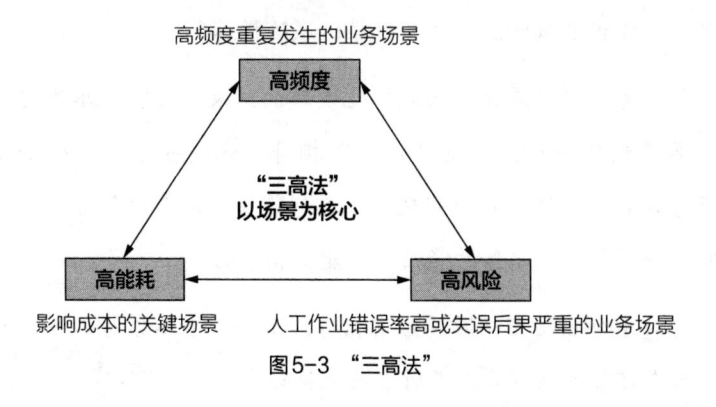

图5-3 "三高法"

何谓"三高"?就是指高频度、高风险、高能耗。

高频度是指高频度重复发生的业务场景,这些业务场景每次发生的步骤、逻辑和结果是相同的或类似的,一旦改进,整个运营收益能得到很大提升;高风险是指人工作业错误率高或失误后果严重的业务场景,一旦改进,可以极大降低企业可能面临的风险;高能耗是指影响成本的关键场景,一般海量重复的业务,资源投入大且呈线性增长趋势,效率较低,改进后,能够提升企业的整体经营效率。

【案例】华为财经大屏——财务管理的作战中心

数据大屏在企业中使用得越来越多。华为财务的办公室有很多数据大屏,也称为财经大屏。不同财经大屏的功能是不同的:财务结账用的是结账大屏,上面显示着各个业务线条登记入账流程中的一个个节点,每个流程的进度用不同颜色区分,一清二楚;管控财务风险的是风控大屏,在业务的进行过程中可以智能识别风险点,并及时弹出风险提示。

这些财经大屏是华为数字化实践的结果。过去,华为财务经常遇到的一个问题就是账实不相符。账实相符涉及很多环节,只有从买进,到中间生产,再到销售,每个环节都做到账实相符,最后在整体的账面上才能是相符的。

对于企业而言,做到账实相符,是一件很不容易的事,要求每个环节的数据都能及时准确地反馈。

为什么及时准确地反馈会成为一个难题呢？在互联网技术还未达到现在的先进程度时，信息的交流传递主要依靠打电话、发邮件，或者面对面交流及开会同步信息。华为的跨国业务比较多，信息同步难度更大。有时会出现以下情况：甲员工今天提问题，乙员工要在第二天才能回邮件。到第三天，甲员工才能看到问题的回复，这还不包括各层级逐级汇报的情况。一层层的汇报流程下来，整个周期就会变得很长。

于是，华为在财经数字化转型过程中，瞄准这些问题，将财经大屏定义为财经人员发现问题、讨论问题，以及解决问题的作战中心，而不仅仅起到数据、流程的集成展示作用。

一方面，华为财经大屏能自动发现风险，以及帮助业务人员/管理者发现业务进度上的问题，很好地解决了"发现问题"滞后的问题。很多问题就能被及时解决，不至于从普通问题被拖成紧急重大问题。比如，客户签收之后的款项，没有打到账上来，这个情况能迅速被系统发现。一经发现，系统会在屏幕上弹出一个风险提示并自动推送给相关人员。

再以会计调账为例。会计之前做分录、做调账都依靠手工。如果会计粗心，调账查起来会非常复杂。而通过将财务手工的工作流程数字化，调账这个节点可以在大屏上显示，若没完成就是黄色，若完成了就变为绿色，一目了然。

另一方面，员工在发现财经大屏弹出的风险提示后，如果该问题不是员工自己单独能解决的，便可以直接在这个风险界面发起群聊或会议。华为的财经大屏对于解决问题的相应人员都会有相应的配置。比如针对什么样的问题,专家是谁,对应的保障人员是谁都会显示。员工发起会议和群聊的时候,就可以直接看到这些人,把他们拉到一起讨论解决方案。

"发现问题"可管控,"讨论问题"能及时,大大提高了华为财经的运作效率。在数字化转型之前,华为账实相符率只有70%多,但现在,已经提高到了99%以上。

主要矛盾的主要方面,是问题聚集的地方,也是容易出效果的地方。用"三高法"抓住业务的主要矛盾下的业务场景实施数字化,能有序解决企业所面临的问题,极大提升作业效率,进而为企业数字化转型助力。

数字化转型只有起点,没有终点

古语有云:"路漫漫其修远兮,吾将上下而求索。"变革专家里克·莫瑞尔也说:"变革是从一个平衡被打破,然后不断地去寻找下一个平衡的过程。它是一个生生不息的过程。"其实,数字化转型何尝不是如此。

已深入实施数字化转型的企业表示:"数字化转型道路道阻且长,是一个持续探索、不断迭代的过程,需要企业领导层对未来保持坚定的信念与百折不挠的韧性。"可见,企业的数字化转型是一场长期主义的实践,需要不断迭代升级。

笔者在为一家上市企业做数字化转型的咨询服务时发现,

该企业处于同行竞争日趋激烈，需要抢占市场机会的关键时刻。因此该企业基于中长期明确的战略目标，对数字化转型变革项目进行了重新梳理和优化迭代，从一期项目的七大能力领域升级为二期项目的五大项目群，旨在解决企业在战略落地、组织人才、业务流程、营运模式等方面面临的问题。

变革之路从来不是一帆风顺的，从一期到二期的过程，不但是学习的过程，也是不断打破天窗、增加认知、对管理变革深入理解的过程。迭代升级后的五大项目群中，"战略到执行项目群"是总的思想牵引、方向和路径正确的保障；"集成供应链项目群"和"流程与IPD项目群"是能力打造、构建业务能力的一种方式；"人力资源体系项目群"和"项目管理项目群"是支撑因素和保障体系。

五大项目群融合，紧紧围绕"业财人组织"治理框架和"端到端业务核心能力"，形成完整的数字化转型和管理变革的体系，未来将会形成以整体行政+变革项目双驱动的发展框架，使企业成为"以项目制为核心的流程化组织"，逐步实现中长期战略目标。

可见，随着企业业务的不断深化、管理面积的不断扩大，再加上整体行业持续投入与关注，企业在迈出数字化转型这一步之后，就必须不断往前走，越做越深，进而对业务不断地产生影响。换言之，**数字化转型是一场只有起点，没有终点的旅程**。

4. 来自数字时代的"新物种"——数字化企业

我们行走在一个马上要满是数字脚印的世界里,人类文明和技术的进步正在带我们进入又一个全新的时代——数字时代。在这个时代,几乎每个领域都在用数字化的方式重新定义自己,企业也不例外。这些顺应数字时代潮流而生的企业,我们称之为"数字化企业"。这种来自数字时代的"新物种"再一次证明了技术的魔力,以崭新的方式塑造商业模式,改变行业环境,提升人类生活水平。

传统企业与数字化企业的差别

我们先来认识一下传统企业与数字化企业之间到底有着什么样的差别。这些差别不仅是传统企业认识自身商业模式局限性的基础,也是指导企业开展数字化转型工作的基础。

数字化企业是一种新的组织形态,它利用云计算、大数据、AI等技术全面整合了企业内部各个业务流程,使其能够实现快速、灵活和高效地运作。可以说,在数字时代的运作逻辑下,无论在组织结构方面,还是在管理模式、工作模式等方面，传统企业与数字化企业都存在着巨大的差别，如表5-1所示。

表5-1 传统企业与数字化企业的差别

维度	传统企业	数字化企业
组织结构	金字塔式或类职能式的等级结构	协作型平台组织结构，是平等型、组合型、战略型的平台结构，而非自上而下的组织结构
决策模式	权威决策、领导决策、专家决策模式	集体智慧决策、数据智能决策模式
业务中心	属于制造业经济，业务中心是产品	属于用户经济，业务中心是客户
发展动能	注重惯性的价值创造（资金和技术）	注重创新性的价值创造，将数字化人才资源视为打造公司持久竞争力的重要因素
工作模式	领地思维，孤岛管理模式，部门与部门之间是隔离的	工作环境都是数字化的，自动化、远程化（如远程销售、远程数据分析、远程控制、远程监控、自由办公）、终端化、数据化等新工作形态成为常态
工作关系	员工之间有明显的等级关系，听从上级领导与安排是员工工作的重心	采用线上的沟通和工作模式，习惯平等型的工作关系

从这些差别我们不难看出，数字化企业的出现，迅速地改变了传统的工作方式，无论生产、销售、管理，还是服务，都能通过数字技术实现提升。并且，在数字化企业的架构下，每个个体都成为信息的接收者和传播者，个人的专业技能和知识产权也可以得到充分的尊重和保障，也就更能激发个体的主观能动性，推动企业的创新和发展。

回想过去这些年，我们见证了信息技术的飞速发展，也见证了一些企业利用先进的数字技术焕发新生的过程。然而，尽管目前许多企业已经实现了信息化，但是它们距离真正的数字化企业还很远，因为真正的数字化企业不仅仅是信息化的简单升级，更是一种全新的"商业物种"。它们将数字化技术和业务模式贯穿到企业的各个领域和环节，形成一种全新的商业模式和管理方式，为全球的经济发展注入了新的活力。因此，对于传统企业而言，拥抱数字化、进行数字化转型是未来的必然选择。

华为企业架构委员会主任、变革项目管理办主任、企业架构与变革管理部部长熊康曾非常细致地分析了数字化转型，并指出了企业的数字化转型与传统企业信息化有以下四大差异。

（1）功能优先VS体验优先

信息化在很大程度上是为了提升企业的管理水平，也就是功能优先。比如说，如果企业现在要上一个ERP系统，那一定是为了让企业的业务活动可记录、可管理，为了能出准确的财报，能够有序地运营。而企业的数字化转型却不是这样的，而是更强调体验驱动，是由外而内的，是以客户为中心的直接体现，它关注的是如何能给客户创造更多的价值，带来更好的体验。

（2）IT固化流程VS技术驱动创新

我们经常说流程是业务最佳实践的总结，也就是说在信息化建设中，IT是为了固化业务流程而存在的。流程跟着业务跑，IT跟着流程跑，因此流程制定永远赶不上业务的变化。而数字化转型，除了是固化业务的最佳实践，更重要的是由技术和数据驱动。比如说，华为就是先有了海量数据，再反过来思考这些数据对客户和企业的运营管理能发挥什么价值的。因此可以说，技术一方面承接了业务的诉求，另一方面又在反向驱动业务的创新。

（3）烟囱式数据割裂 VS 云化数据底座

在华为30多年的发展历史中，有3000多个应用系统模块，每个系统模块都会割裂形成一个数据的烟囱。这样就会存在一个问题，即如果现在想要围绕着用户做一个画像，或者围绕产品做一个分析，就会发现拿不到数据。因为数据全在系统里分散着，而这些系统背后可能是各个业务部门。所以，进入数字时代后，华为就希望：应用是服务化的，平台是云化的；更重要的是，企业应有统一的数据底座来承载所有的数据，并且能够将这些数据变成企业的战略资产。

（4）层层汇报 VS 察打一体

以前，华为的项目从基层到公司集团大概要经过整整七层的汇报，才能到达最高决策机构。如果再加上每个部门所使用的不同系统，这层层汇报下来所需要的数据，就经常需要众人在各个系统里反复去查询和汇总。而在数字化以后，不仅可以让不同层级、不同部门的主管在同一时间看到同样的数据，不需要原来的层层汇报、加工传递，因为数字化可以使组织扁平化，让指挥到作战之间只有一步，实现对问题的实时感知和察打一体。

所以，数字化转型它不是信息化的简单升级，而是一个复杂且系统的大工程。当然，企业的数字化转型也并非没有路径可循。综合华为以及业界人士的观点和文献资料，笔者大体上将企业的数字化转型分为了三个阶段，即信息化阶段、数字化阶段和智能化阶段，如图5-4所示。

第一阶段：信息化	第二阶段：数字化	第三阶段：智能化
在信息化阶段，企业数字化转型的重点集中在硬件建设和数据能力方面，在新兴技术的帮助下集成不同业务系统，优化改造既有系统，引入新型架构。	在数字化阶段，企业的重点在于业务、产品和服务优化以及协同共享，可通过集成、共享、分析不同类型的数据产生洞察，为业务决策提供支撑，应用数据产生价值。	在智能化阶段，企业注重的是打造持续创新能力，依托人工智能、机器学习、混合现实等技术带来创新的应用。

图5-4　企业数字化转型的三个阶段

当然，虽然笔者将企业的数字化转型分成了信息化、数字化、智能化三个阶段，但并不是说这三个阶段是彼此独立的，它们是相互依赖的，是一个迭代循环、不断向前推进的过程。所以我们的企业一定要明确自身所处的数字化转型阶段，只有这样才能更好地了解企业接下来可能面临的困难和挑战。

接下来，我们就以备受公众关注的华为为例，来看看它的数字化转型历程是什么样的。

华为数字化转型阶段及历程

随着华为不断发展壮大,其面对的市场竞争越来越激烈,作为支撑企业发展的重要基石,华为的信息化系统面对的挑战也越来越多。华为每年会投入销售收入的2%左右用于信息化系统的建设与完善。如今,华为已经从信息化进入数字化阶段(见图5-5)。

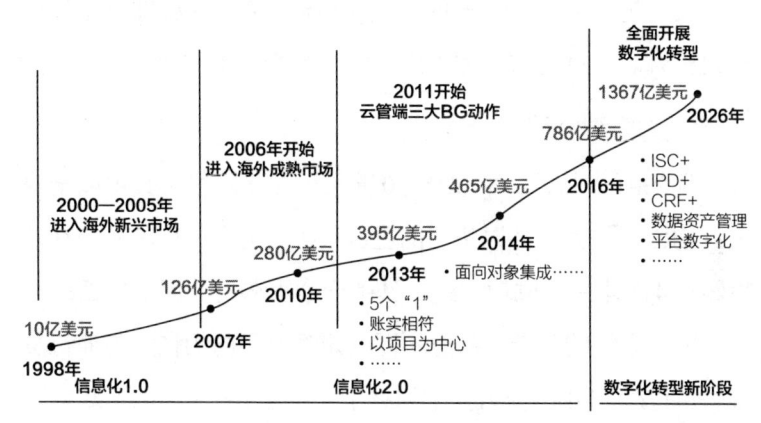

图5-5 华为数字化转型历程

(1)信息化1.0阶段

华为的信息化1.0阶段经历了三个时期:

华为成立后的第一个10年是华为信息化1.0阶段的第一个时期。在该时期,华为于1993年成立了管理工程部。此时,华为主要靠Email和MRPII(物料生产计划管理)来支撑公司业务的发展。

从1998年到2003年，信息化1.0阶段进入了第二个时期。在初期，由于公司发展迅速，很多管理问题暴露出来：前后端脱节、生产销售脱节、产品无法满足客户需求。所以在这个时期，华为开始推进流程变革，通过前往硅谷考察和寻求IBM的帮助，华为制定了第一个IT战略5年规划。

其后，华为开始进行IPD（集成产品开发）变革和ISC（集成的供应链）变革，并开展了大规模建设OA以及IT基础设施建设整合。信息化从分散走向集中，更好地支撑业务运作，降低成本，提高管理效率。

从2004年开始，信息化1.0进入全球化阶段，其中以全球上线ERP系统为主。以华为的巴西代表处为例，ERP系统在这里经过4次才最终成功上线。其中一个重要的原因是巴西的税制和财务系统的复杂，甚至不同的州都有不同的税种与通行货票。通过近10年的努力，华为终于在全球100多个国家建立了一张IT大网。

通过全球信息化建设，华为每年能节省30%的差旅费用。2007年，华为海外销售收入已经连续3年超过国内，真正实现了全球化战略的重要转型。

（2）信息化2.0阶段

面对庞大而复杂的IT系统，既要支撑内部公司运营，又要支持对外的业务创新，旧系统渐渐跟不上时代的发展。为了完善IT系统，提升运营效率，2012年，邓飚在出任华为CIO后，提出了华为IT 2.0，这标志着华为进入了信息化2.0阶段。IT 2.0推行的目标是拉通相关业务流程与IT流程，要求是"5个1"（P0前处理1天、从订单到发货准备1周、从订单确定到客户指定地点1个月、软件从客户订单到下载准备1分钟、站点交付验收1个月）。

在华为信息化进入2.0阶段时，华为提出，公司未来3～5年IT变革的主要目标有两点：第一，要建立面向全球的联合作战系统；第二，构建数字化作战平台，提升运营效率。信息化2.0阶段应该说是华为由信息化建设向数字化转型的一个过渡阶段。

（3）数字化转型新阶段

在数字化转型前，华为ERP的库存账实相符率只有78.6%，利润率不到10%，很可能会给公司带来较大的经营风险。再加上在不同发展阶段，为了业务发展需要，华为建立了较多的IT应用，相互之间形成了壁垒，从而导致内部存在不少的信息孤岛。因此，华为于2016年提出了数字化转型。2017年，华为正式将"数字化转型"确立为集团层面最重要的战略变革，内部变革全面围绕数字化转型展开。

2019年，美国商务部工业与安全局（BIS）将华为列入"实体清单"，禁止华为公司在未经特别批准的情况下购买重要的美国技术，华为进入"战时状态"。华为的数字化变革重点工作转向打造自主可控的工业软件及数字化使能平台支撑体系，全力保障公司的业务连续性运营。华为将十几年潜心研究的海思芯片"一夜转正"，还推出了自己的鸿蒙操作系统。根据华为2023年财报，截至2023年底，鸿蒙生态设备数量已超过8亿台。

2021年，美国对中国"根技术"出口限制越来越多，华为深刻认识到仅凭一己之力无法解决工业软件与平台被"卡脖子"的问题，因此，华为参与组建了数字化工业软件联盟（DISC），并将自身在产品数字化变革中形成的数字化使能平台转换为华为工业云中的核心组件，希望联合国内工业软件生态伙伴，构建中国自主可控的数字化工业软件与平台"根技术"体系，彻底打破华为乃至中国工业企业受制于人的被动局面。从2021年开始，华为还相继成立了20大军团，聚焦特定行业，积极探索行业数字化转型创新。华为希望通过军团组织的形式，缩短内部管理链条，快速响应客户数字化转型需求。

数字化转型是企业内生的变革，其目的是提升企业的竞争力。别看华为如今为各行各业积极提供解决方案，助力千行百业共同完成企业的数字化转型，其实它也是经过了30多年的风雨，才从一个非数字原生企业成为了中国最早一批成功实现数字化转型的典范。当然，华为是一家非常富有社会责任感的企业，因此华为希望能够结合自身数字化转型的实践经验，为众多企业的发展注入强大的数字动力，获取未来的竞争优势。

5. 数字化战略：站在未来看现在，未来与现在互锁

治理一个企业与带兵打仗并没有什么区别，《孙子兵法》提到，**夫未战而庙算胜者，得算多也，未战而庙算不胜者，得算少也；多算胜，少算不胜，而况于无算乎！**意思是在拉开战斗序幕之前，就要"庙算"周密，充分做好假设、推演和计算，分析开战的有利条件和不利条件，这样开战之后才会取得胜利。由此可见战略的重要性。

所以在笔者看来，企业要打赢数字化转型这场硬仗，也必须战略先行。数字化转型战略是指导和谋划数字化转型的一种长远规划，它明确了企业数字化转型的方向和目标，回答了企业在转型过程中该做什么以及怎么做的问题。

数字化转型需要战略决心和坚强意志

数字化转型是企业从上到下，由外及内的一场变革，是一场持久战，如果要赢得最终的胜利，企业要有打持久战的决心和意志，坚决实施数字化战略转型。

当企业领导层拥有坚定的战略决心和意志，且充分认识到

数字化转型的重要性、复杂性以及必要性，并利用各种途径，将决心透传到每一个个体上，形成上下同欲的格局，才能够力出一孔，解决好数字化转型过程中的各种挑战，支撑数字化转型驶向成功的彼岸。

例如，IBM在与任正非谈变革的时候，曾再三询问其是否下定决心变革，因为变革就是革自己的命，大多数公司就是没有想好，下不了决心，导致变革半途而废。纵观那些数字化转型取得阶段性成功的企业，无一都是突破了重重阻力，抗住了来自内外的巨大压力。

自2012年以来，消费者对家电的要求越来越高，天猫、京东等电商平台也来势汹汹，这让美的面临的压力越来越大。再加上原材料价格的大幅上涨，美的的营收虽然在高速增长，但是利润单薄，市值也从原来的700亿元，下跌到约500亿元。同时，美的创始人何享健也在2012年交棒给职业经理人方洪波。在此背景下，集团董事长方洪波启动了632项目，打响了美的数字化转型的第一炮。

方洪波认为，数字化变革是一把手工程，如果一把手不推，就永远推不动。如果一把手想推，再大的困难也能被解决。推动的过程好比人类赖以生存的一口气。有时候，一口气突破了、顶住了，可能就是一片新的天地；有时候没有憋过去，就又回到起点。为了加快变革速度，抢占竞争高地，他在公司内部立下"军令状"：两年内完成流程、主数据和IT系统建设，没有完成的事业部总经理要承担责任。同时，为了将变革的意识和决心传递给其他高层，方洪波在10个事业部之间奔走，与事业部高层一遍遍交流。一位当时参与变革的内部人员表示，当年的美的会场，开始是弥漫着各层级对变革的疑惑，然后是压力，最后是动力。通过这种走动沟通的方式，方洪波逐步将变革的意识和决心传达到公司每一位高层，并在公司内部形成变革共识。

从2012年到2015年，整个632项目在美的各事业部中得以平稳推进。到目前为止，美的各个领域都在632项目的基础上对数字化进行了改进与提升。

作为一场从上至下、由外及内的变革，想要赢得胜利，数字化转型必须做到以下两点：

一是领导层要有坚定的决心，即对数字化战略有着充分的认知与信心。同时，领导层要将这种决心透传到企业全体。上下同欲，就能力出一孔，共同克服转型过程中的荆棘与风险。

二是领导层要有强大的意志力。变革是需要渐进、持续的，效果的显现也是需要时间的。许多企业因没有即时看到变革的成果而感到焦虑，方洪波也曾坦言："数字化转型每年投入几十亿元，看不见结果我也很焦虑。"适度的焦虑可让企业时刻保持清醒和危机感，但不能过度焦虑。过度的焦虑将会动摇变革的意志。企业领导层需要客观认识到转型的不易和复杂，保持变革的决心和耐心，同时也要容忍暂时的错误与失败。

任正非曾说:"危机的到来是不知不觉的,如果说你们没有宽广的胸怀,就不可能正确对待变革。如果你不能正确对待变革,抵制变革,公司就会死亡。"这句话表明,如果企业管理者没有勇气去面对数字化转型,那么,你所在的企业就会被时代所淘汰。

总的来说,在数字化转型上,企业要保持足够的毅力与信心,在战术上脚踏实地,才能成为数字化转型的领军先锋。

数字化转型战略注重执行,强调闭环

如果说战略是宏观层面的愿景与目标,那么执行就是微观层面的日常运营。阿里巴巴创始人马云曾表示,战略是为了明天更好地战斗。数字化转型应实现从战略到执行的闭环与贯通,这样才能将数字化战略转化为战斗力。

企业想要实现数字化转型战略的高效落地与执行,可以遵循战略管理、过程监控、执行评估和落地保障这四个步骤,如图5-6所示。

图5-6　数字化转型战略到执行的闭环管理

第一步：战略管理

数字化转型战略包括数字化转型的愿景、使命，数字化转型的定位和目标、新商业模式、新业务模式和新管理模式以及数字化转型的战略举措。例如，中国大唐的数字化愿景："打造数字大唐，建设世界一流能源企业"；数字化转型的目标是"成为广泛数字感知、多元信息集成、开放运营协同、智慧资源配置的智慧能源生产商"。

需要注意的是，数字化转型战略的制定不能脱离业务目标，企业要根据现有的业务能力和内外环境形势，梳理业务对数字化的需求，找出企业数字化关键提升点。其中，业务对数字化的需求包括业务对构建核心竞争力的需求、构建核心竞争力对数字化的需求、目前企业数字化能力对数字化需求的支撑力度。

同时，企业可借鉴行业领先的实践，分析其数字化应用的情况，对齐标杆，找出差距，输出数字化转型的战略目标。

成功的数字化转型需要每一个部门、每一位成员共同发力，企业应将整体的战略目标分阶段、分批次拆解为多个可执行的"小目标"，并将这些目标落实到每个业务的执行团队与个人，以保障数字化转型目标的达成。

第二步：过程监控

数字化转型会涉及业务、技术、决策等各类繁杂的事务性工作，企业需要建立一个完整的过程监控体系，将这些事务统筹起来，及时干预和纠正不合理的执行策略与行为。

企业可以从人和事的角度开展转型过程中的监控工作。针对每个员工的执行情况，企业要与员工保持沟通，了解他们执行的难点与疑点，避免盲目执行、乱执行以及不执行的情况发生，塑造数字化转型文化，推动转型工作的常态化。针对具体的执行工作，企业可以通过战略例会、战略节点汇报会等方式，了解各个部门战略工作的完成情况，以及下一阶段的战略举措和行动计划。

第三步：执行评估

企业的数字化转型都是阶段式的，需要不断试错与反复验证，因此企业要对每一阶段的执行情况进行评估和检视，具体可以从执行的时间、执行所带来的风险、企业资源的利用情况这三个方面来开展评估。

执行进度： 执行进度是否与行动计划中规定的时间吻合，如果一个环节出现滞后的情况，将影响整条线的进度，从而造成人、财、物的浪费。因此，企业需要重视执行过程中进度的把控与评估。

执行所带来的风险： 在没有真正落地实施前，谁也无法预估数字化转型会给企业带来怎样的风险。因此，在执行的过程中，企业要实时、客观评估这些风险是否在可控的范围内，并采取措施将风险降至最低。

企业资源的利用情况： 企业可根据资源的利用情况，评估执行的效果，判断是否需要对目标进行调整。如果在资源充足的情况下，企业还可以加大资源的投入，加速数字化转型战略的执行。

第四步：落地保障

根据以往数字化转型的实践案例，笔者总结了以下四个必要的保障措施，确保战略的实施。

首先是组织保障。数字化正在重塑千行百业，市场的不确定性越来越强，企业要想长久活下去，就必须抛弃原来臃肿笨重的组织模式，构建灵活敏捷的组织体系，积极地去拥抱市场的变化。

其次是人才保障。数字化人才是数字化转型的核心驱动力，企业可通过内培外招的形式，引进懂数字化技术的领导人才、精通数字化技术的专业人才以及能将业务与技术相融合的应用人才。

再次是资金保障。数字化转型也是一项风险投资，花费巨大，成果不可预估，企业需要做好投入大量资金的准备，避免因资金短缺，致使数字化转型半途而废的结果。

最后是技术保障。企业要打造一支强大的数字化技术团队，让核心的 IT 资产掌握在自己手中，并能够随时对 IT 应用和软件进行升级以快速响应业务需求。

数字化转型是一步步扎实地做起来的，不是喊口号喊出来的。不能执行的战略等同于空谈，只有将数字化转型战略落到执行，企业才能真正实现数字化。

NO.6

数字未来：
人类何去何从的终极思考

在数字化的世界里，数据成了新的资源，算法重塑了决策的方式，而 AI 开始挑战我们对工作、创造力甚至人类自身的认知。在这样的背景下，我们必须思考如何在数字化的浪潮中找到人类的定位，确保技术的发展能够符合人类的价值观和长远利益，同时为构建一个更加和谐、智能和富有同理心的社会而努力。

1. AI：硅基生命是否会取代碳基生命？

ChatGPT这类生成式AI大模型的问世让很多人惶恐不安，笔者认为这其中不只有工作被取代的原因，更多的是对人类未来的深切担忧，如担心AI有一天会不会脱离人类的控制。因为就目前AI的发展趋势和进化速度来看，它很可能会诞生自己的意识，或者说它已经产生了自己的意识，这都是不确定的。

当然这并不是笔者个人在危言耸听，去年OpenAI的"宫斗"乱子，估计大家还没忘记吧，之所以会发生这种事，就是因为保守派和商业派之间，对于AI未来的安全性和商业化持不同意见而产生的争执。

实际上，埃隆·马斯克曾在一次采访中说过这样一句话："人类社会只是一小段代码，它的存在是为了启动超级数字智能物种的计算机程序。如果没有人类，计算机就无法启动。"也就是说，我们人类之所以会存在，完全就是为了引出一种更为先进的生命形式，那就是硅基生命。

什么是硅基生命？

硅基生命是什么呢？其实硅基生命这个概念，它是相对于碳基生命而言的。所以我们在了解什么是硅基生命之前，得先来了解什么是碳基生命。

碳基生命很好理解。

现有的科学表明，我们地球上已知的所有生命，基本上都是由29种必需的化学元素组成的。其中，"碳、氢、氧、氮"这4种元素的含量是最多的，所以这4种元素被认为是生命的核心成分。在这4种核心元素中，"碳"元素又是最为重要的，这是因为碳元素对生物细胞的结构和功能起着辅助和决定性作用。

所以，包括人类在内，地球上已知的所有生命又被称为"碳基生命"。

那硅基生命呢？

硅基生命其实就是科学家们基于"是否有一种元素可以取代碳"这一问题所做出的一种生物化学假设。简单来说，硅基生命就是指使用硅元素取代碳元素构成的一种生命形式。

那科学家们为什么会产生这种假设呢？我们回想一下化学元素周期表，就会发现硅元素和碳元素在元素周期表中是位于同一个周期的，这也就代表，这两种元素之间具有相似的化学特性。

另一个原因就是硅的含量在地球上是非常丰富的，仅在氧元素之下，占了整个地壳的 25.7%。我们常说，任何东西存在都有一定的意义，氧元素对于我们生物来讲有多重要，相信也不用多做解释，那么这么高含量的硅元素，是否在暗示着什么呢？

所以说，在众多科学家看来，只要条件合适，理论上产生硅基生命是非常有可能的。

为什么说理论上呢？因为由碳元素组成的物质非常稳定，但是由硅元素组成的物质却没有那样稳定，所以事实上，硅基生命在地球上存在的可能性寥近于无。不过在 19 世纪末的时候，有位英国化学家提出了一个结论，他说**硅化合物的热稳定性，可以使以硅元素为基础的生命在高温下生存。**

所以，我们也可以做出这样的假设，那就是**硅基生命可能诞生在非常极端的环境中，或者说，比起我们人类这样的碳基生命，它们更能在极端的环境中生存。**

例如，我们人虽然拥有聪明的大脑和强壮的身体，但由于碳元素过于活泼的性质，所以我们依然有很多天敌，像温度过高、过低的环境，我们人体也很难承受！还有很多致命的细菌、病毒，无处不在的辐射等。

所以从这一方面来看，硅基生命比碳基生命要强大得多。

然而，这还只是硅基生命在身体条件上的天然优势，它们更大的优势还在于它们可能是高度智能的"AI"生命。因为硅天然具有优异的半导体特性，所以硅作为半导体元器件的原材料，在现代计算机和通信技术领域中起到了非常重要的作用。

我们日常所使用的电脑、手机等科技产品都离不开硅，包括前面反复提到过的ChatGPT，以及2024年年初刷屏的"文生视频"AI模型Sora，它们作为新型的AI模型，在马斯克看来，完全有可能会成为人类引导硅基生命产生新物种的一种途径。当这些AI产品经过机器学习产生了自己的思想之后，它们就是名副其实的"硅基生命"。

这些"硅基生命"不仅拥有远超人类的智力和能力，还不像人类需要新陈代谢，完全就是不朽的存在！

还记得笔者在一开始提到的马斯克的话吗？他大胆预言，我们碳基生命仅仅只是硅基生命的启动形式，认为我们人类是一个生物引导程序，引出一种超级数字智能物种：硅基生命。现在想想，我们人类所做的一切，如为追求经济的发展和技术的进步，培养了一大堆程序员，创造了超级电脑和超级软件，在训练和迭代AI模型的路上一路狂奔，都像是在帮硅基生命完成自己的诞生。

就像曾经统治了地球6000万年的恐龙一样，在一朝灭绝之后，反而为哺乳生物的上岸打下了基础。

现在的问题是，如果我们的存在当真只是为了启动硅基生命，那么当以AI为主导的硅基生命诞生之后，它们是会继续为人类所用，还是会威胁到人类的存在，将人类取而代之？

硅基生命会否取代碳基生命？

先看一组数据：

从单细胞到人类，用了30亿年；从石器时代到农业时代，用了几百万年；从农业时代到工业时代，用了几千年；而从工业革命到信息时代，只用了短短几百年；现在，从一维的GPT到二维的Sora（视频生成模型），只用了不到一年的时间。

这组数据告诉我们，人类文明在地球上的存在时间不过300万年，而硅基生命的发展速度却比我们人类过去300万年的发展还要迅猛。那么，在这种速度下，硅基生命是否会取代碳基生命？

这个问题在笔者看来，其实是在问"在可预见的未来，AI是否会取代人类？"而对于这个问题，可以说自计算机诞生以来，就成了社会上争论不休的话题，并且往往是越了解AI的人越担忧。

例如，说物理学家霍金先生就曾把AI比喻为恶魔，认为AI的存在比武器更危险，因为它们很有可能是我们最大的威胁。无独有偶，和霍金抱有相同观点的人并不在少数，牛人马斯克也是其中一个。

为了规避AI给人类带来的生存威胁，马斯克还特地和一批志同道合的人组局创建了今天的OpenAI。不仅如此，他甚至还搞了脑机公司Nueralink，专门用来研究人和AI的结合，想着如果有一天AI真的有了自己的意识，并且还对人类出手了，那么我们自己也能有反抗的力量。

不过这个世界并不是一元的，人与人之间的观点也能完全相反，对于AI的发展，华为创始人任正非就持有非常乐观的态度，他认为我们的社会进入AI时代是必然的历史趋势，而AI本身也将是人类社会进步的一次重大机遇。

他去年还在采访中说："AI软件平台公司对人类社会的直接贡献可能不到2%，98%都是对工业社会、农业社会的促进。"所以我们要多关注应用，尤其是工业、农业社会的应用，AI模型的应用比模型本身还有前途，因为在这些应用过程中，对人类社会的贡献是非常大的。

当然，任正非的话并非空口无凭，实际上，"中国的湘潭钢铁厂，从炼钢到轧钢，炉前都无人化了；天津港装卸货物也实现了无人化，代码一输入，从船上自动把集装箱搬运过来，然后用汽车运走；山西煤矿在地下采用5G+AI后，人员减少了60%~70%，大多数人在地面的控制室穿西装工作……"这些都是AI已经大规模使用的例子。

笔者作为前华为人，也秉承着华为一脉的思维和想法，始终认为：**AI不会完全取代人类，而是会与人类共同发展。**因为笔者始终坚信一个前提，那就是：我们为什么花费这么多时间、这么多精力和这么多金钱也要不遗余力地发展 AI？是为了解放和发展社会生产力，对不对？在这个根本目标之下，AI 对于人类而言，就只是一个工具。

如果有一天，它们真的因为有了自己独立的思想变成了硅基生命体，那么我们自然也会改变态度，以平等的视角，采取合作的方式，与硅基生命共同发展。而在那之前，在它真的产生意识之前，它都只会是一个工具，是我们解放和发展社会生产力的有力工具。

不过，我们确实也应该认识到，不能任由 AI 肆无忌惮地发展，而应该注重人类的监管和伦理约束。因为只有在我们人类的监督和引导下，确保其应用符合人类价值观和社会利益，才能使 AI 更好地为人类服务，并避免潜在的风险和误导。

最后，笔者再强调一遍，AI 与人类，或者说硅基生命与碳基生命之间并不是竞争关系，而是合作共生的关系。

AI 的发展离不开人类的创造力和智慧，同时 AI 的出现也将推动我们人类的成长和发展，给予我们更多追求创造性和高级思维的机会。我们应该以更乐观的态度，迎接 AI 时代的到来，期待创造一个更加繁荣和进步的未来！

2. 虚拟与现实同在，社会该如何治理？

不管我们是否承认，虚拟世界和现实世界并存的"双世界"已来临。

以前，我们很容易区分什么是"虚拟"的，什么是"现实"的。譬如，我们坐在电脑前，能清晰知道屏幕里的世界是"虚拟"的，是与现实世界相对的。但是现在这两者之间的界限已经变得越来越模糊，不仅使我们的网络身份和真实自我之间难以区分，也给社会治理带来了许多新的挑战。

道德和法律，虚拟世界中的真正难题

在我们每个人的内心深处，总有些事物是我们特别喜爱的，这些喜好反映了我们内心的力量和追求。就好比很多人幻想世界有"后悔药"来改变过去一样，逃离现实，追求另一种可能，是人类一直以来的渴望。

现在，一个全新的虚拟世界正逐步进入我们的生活。想象一下，在结束一天忙碌的学业或工作后，我们可以进入一个不受现实世界限制而且拥有无限可能的虚拟世界，完全忘却现实的压力、摆脱内卷，享受"五感合一"的不同人生。正是因为这种吸引力，越来越多的人沉迷于虚拟现实，成为了它的忠实拥趸。

然而，虚拟现实更接近真实的体验会让人更加容易深陷其中。就像电影《感官游戏》的预测，在未来人类会陷入对虚拟现实游戏的疯狂迷恋，甚至在其中做出一些在现实社会中不可想象的行为。

如今，赌博、诈骗、偷盗等犯罪活动已经开始在虚拟世界中频繁出现。

【案例】"Horizon Worlds"平台的性骚扰事件

2021年12月初，Meta公司（"元"公司，前身为脸书Facebook）开放了自己的元宇宙平台"Horizon Worlds"（地平线世界）。在该平台上，用户可以创建自己的社区，自由交流和交友。

然而在"Horizon Worlds"测试期间，一位女测试者报告称，她在"Horizon Worlds"内遭遇了性骚扰：在进入游戏的短短几分钟内，就遭到了三四个男人的口头和肢体骚扰。并且有一个陌生人试图在广场上"摸"自己的虚拟角色。

"Horizon Worlds"平台的性骚扰事件被认为是虚拟世界中公开曝光的第一起性骚扰事件，引发了平台用户和网友们的争论。有网友认为，"没有摸到真实的身体"就不算是性骚扰；也有网友认为这种虚拟触碰有真实感，当然属于性骚扰。而支持

"没真实触碰就不算"观点的人占多数。

"Horizon Worlds"中的女受害者说:"在普通的互联网上,性骚扰也不是个玩笑话。但置身于虚拟现实中又增加了另一层感受,使得感觉更强烈。我不仅被骚扰了,而且还有其他人支持这种行为,这让我在广场上感到孤立无援。"

除了性骚扰问题,虚拟世界中还出现了许多其他不法行为。

【案例】非法集资:虚拟土地圈钱,收割韭菜

近期,一些不法分子蹭热点,恶意炒作元宇宙房地产圈钱。2021年年底,在虚拟世界社区Decentraland平台上,有一块数字土地被以243万美元的高价卖出,创下了"元宇宙"房地产交易价格的新纪录。但不久后就有报道指出,这个纪录可能是虚假的。

面对这些问题,我们不得不深思:在虚拟世界中,道德和法律应该如何界定和执行?

"复刻"真实社会的虚拟世界,也需要一套"秩序规则"

欧洲刑警组织称,"预计到2035年,25%的人每天至少在虚拟世界中花费一小时,这肯定会对全球经济格局产生重大影响,公民在虚拟世界的安全将成为执法部门需要重点关注的问题。"

那么对于"复刻"真实社会的虚拟世界,如何从道德层面和法治层面规避这些难题呢?

需要建立和完善AI相关的法律法规体系

虚拟世界里的每一个虚拟角色，都是现实社会里玩家本身的延伸，承载着现实中真人玩家的行为与意志。虚拟角色的行为，自然就是玩家本人的真实行为。因此，"Horizon Worlds"中的女受害者事件是一起性骚扰事件。

如果虚拟世界里的这些"错"被纵容，那不单会对虚拟世界产生影响，还会反作用于现实社会。而如果简单直接套用现实社会的法律，很有可能会出现"水土不服"情况。正如尼古拉斯·尼葛洛庞帝所言："我们的法律就仿佛在甲板上吧嗒吧嗒挣扎的鱼一样。这些垂死挣扎的鱼拼命喘着气，因为数字世界是个截然不同的地方。大多数的法律都是为了原子的世界、而不是比特的世界而制定的。"

为此需要建立和完善人工智能相关的法律法规体系。

2021年9月25日，中国国家新一代人工智能治理专业委员会发布的《新一代人工智能伦理规范》，旨在将伦理道德融入人工智能全生命周期，促进公平、公正、和谐、安全，避免偏见、歧视、隐私和信息泄露等问题，这对于保护个人隐私、防止偏见歧视等具有重要意义。

2023年8月，中国社会科学院国情调研重大项目《我国人工智能伦理审查和监管制度建设状况调研》起草组发布了《人工智能法示范法1.0（专家建议稿）》。

该示范法包括总则、人工智能支持与促进、人工智能管理制度、人工智能研发者和提供者义务、人工智能综合治理机制、法律责任和附则七大章节，这表明，通过法律手段规范人工智能的研发和使用活动，为实现虚拟世界与现实社会良好治理夯实了基础。

推动数字政府建设，利用数字技术优化公共服务和管理模式。

数字政府建设不仅能提高社会治理能力和水平，还可以促进社会和谐稳定发展（见图8-1）。譬如，通过大数据和人工智能，可以更有效地预测经济形势、保护弱势群体、监测生态环境等。此外，数字决策体系的应用也是推动社会治理体系现代化的重要手段。

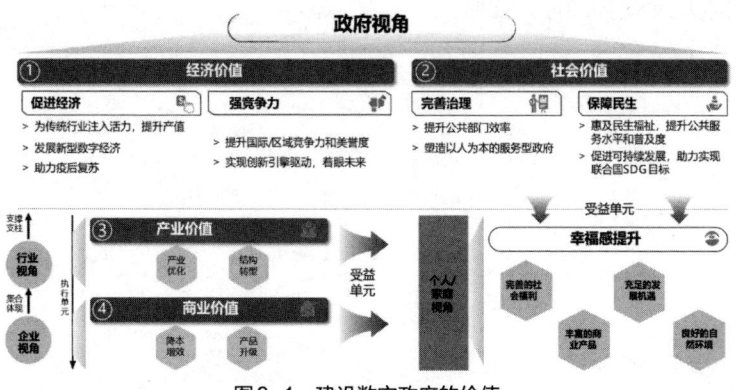

图8-1　建设数字政府的价值

加强网络虚拟社会治理，形成良好的网络生态

党的二十大报告提出："健全网络综合治理体系，推动形成良好网络生态。"这表明，网络虚拟社会治理的重要性日益凸显。构建网络上的虚拟政府，是政府积极向虚拟社会延伸和发展控制权的必然结果。同时，网络虚拟社会的治理也应该采取多主体协同模式，包括自我管理、政府治理以及现实社会治理的统一。

在虚拟世界与现实社会同在的时代，社会治理需综合运用法律法规、数字技术、网络治理等多种手段，形成一个多元主体参与、相互协调的治理体系，以更好地应对新形态社会带来的难题或挑战。

现在的虚拟世界并非法外之地，每个人都要对自己的言行负责。我们在享受虚拟世界带来的乐趣的同时，也要保持清醒的头脑和正确的价值观。

3. 网络战争如何与传统军事力量相媲美

信息支援部队"上线"！

为了应对全球数字化浪潮，保障国家安全和发展，2024年4月19日，中国人民解放军信息支援部队成立。

信息支援部队是我国全新打造的战略性兵种，是统筹网络信息体系建设运用的关键支撑。它就好比战场上的"千里眼""顺风耳"，能让指挥员即时了解并掌握战场变化，及时做出精准决策，确保战场上的主动。

当今世界的战争既有真刀真枪的实体战争，也有看不见硝烟的"虚拟战争"。而且网络战争正成为现代战争的重要构成部分，网络空间也成为继陆、海、空、天之后的"第五战场"。表现为黑客入侵、假新闻满天飞。

黑客入侵是指黑客站在各自国家、政治、自由民主等立场，对对立方的网络进行破坏。俄乌战争打响后，"网络战争"也迅速卷入其中。最著名的黑客组织"匿名者"在社交网络上对外发声，全体成员正式向俄罗斯宣战。

"匿名者"是谁？"匿名者"是由一群有着共同理念的人

组成的,以维护网络自由和反对政府压迫为目标,是全球最大的黑客组织。在行动中,戴着盖伊·福克斯面具的无头西装人像成为了"匿名者"的标志。

从莫斯科时间2023年2月24日下午5时起,"匿名者"就开始对俄罗斯的宣传电视频道RT电视台网站进行攻击。总统普京的克里姆林宫官方网站、俄罗斯外交部、俄联邦委员会等网站也被黑客攻击。在俄罗斯电视台正常播放时,也会被黑客切入乌克兰国歌和俄罗斯入侵乌克兰的图像。"匿名者"试图以这些行为掐断俄罗斯网络、电力、供给等。

360集团创始人周鸿祎说,网络战是现代战争的首选与前战。网络战争是以信息化为主的战争,有成本低、效果大、难溯源等特点,具有极强的杀伤力和隐秘性。

随着AI技术的快速迭代,战争方式也正在从信息化战争转向智能化战争,其具有自主化、无人化、低成本、高效化等特点。在俄乌战争中,美国数据分析公司Primer从俄罗斯的社交媒体上采集分析了20多亿张图片,将俄军高级将领的信息,全部免费交给了乌克兰军方。导致在战争第一年,俄军就有10多位高级将领战死,其中有多位中将、少将。按理说,到这个级别,对他们的保护肯定极为严密,但是却遭到乌军精确打击阵亡。AI在其中发挥了很大作用。

可见,未来敌对双方拼的是谁的智能技术更强。谁的智能技术更加强悍，谁就能在战争中占据有利地位，赢得战场的主动权，更有可能获得胜利！

面对信息化、智能化战争，"拼刺刀"已经过时了？

2024年4月10日，英国《卫报》网站刊登了《"机器执行任务冷酷无情"：以色列用AI识别3.7万个哈马斯目标》的报道。部分内容如下：

> "用系统锁定目标只用20秒"
>
> 以色列在对哈马斯的战争中使用了强大的AI系统"薰衣草"①。
>
> 一名使用过"薰衣草"系统的情报官员说："据我所知，没有能与之匹敌的系统。"他还说，与一名意志消沉的士兵相比，他们更相信"统计系统"，"机器执行任务冷酷无情，完成任务变得更加容易"。
>
> 另一名"薰衣草"系统的使用者还对人类在选择过程中的作用表示怀疑。他说："我用系统锁定目标只用20秒，每天几十次。在这个过程中，我作为一个人的作用只是按下批准键，没有提供任何附加值。这省了很多时间。"

---

① "薰衣草"系统简介：以色列军队开发了一种基于AI的程序"薰衣草"，用于标记潜在轰炸目标，几乎无需人工审核。

随着AI在战争中的广泛应用，传统"贴身肉搏"作战似乎正在逐渐淡出历史舞台。这不禁让人思考：在这样一个高科技的时代，军队士兵是否还有必要练刺杀、拼刺刀等传统技能？

哈马斯奇袭以色列前一周，北约军事委员会主席到访以色列。当时，以军将领特意带他到加沙边境，展示以军对加沙的AI监视。当时，以色列通过人脸识别软件、无人机、电子窃听等技术，对加沙进行全面监视。

结果却十分讽刺，以军的AI技术根本就没有监视到哈马斯的突然袭击，更别说抵挡住突然袭击。这次突然袭击造成了以色列1400多人死亡，是以色列建国70多年来遭遇的最致命的袭击。

可见，AI让以色列产生了自信，认为"机器比人类更聪明""AI是现代生存的关键"。

毕竟，大数据是大数据，但是现实世界的复杂性和多变性远超过任何算法的预测范围。AI算法中潜在的致命错误，可能让大量平民死亡。例如，以军对加沙的大规模轰炸已造成9000多人死亡，其中有3900多人是儿童，他们总不可能是哈马斯吧！

事实上，虽然AI技术在战争中确实发挥了巨大作用，但是人类士兵的智慧、勇气和灵活性仍然是战争胜利的关键因素。人类士兵能根据实际情况做出灵活应对，而AI则可能受限于预设的程序和算法。

笔者非常赞同《士兵突击》中的一段台词："飞机终将会被击落，战舰终将会被击沉！一场真正残酷的战争到最后，任何高精尖的武器都会被耗尽，战争的根本还是人和人的对抗，人和人的战争。"

不管是传统战争，还是信息化战争、智能化战争，归根结底还是人与人之间的对抗，传统的战斗技能如"拼刺刀"仍是作战的保底手段，是不可或缺的。

但是，我们也不能忽视AI在军事领域的应用。未来战争将更加依赖于信息技术和智能化装备，我们必须未雨绸缪，重视AI在军事领域的应用，确保在未来能顺利走出敌人编织的"信息迷宫"，确保敌人无法窥探我们的真实意图。

4. 未来智能世界的畅想：元宇宙、数字能源与星际移民

2024年1月19日，中国台湾音乐人包小柏利用AI"复活"了离世的女儿。"她挂在云端，就好像她在国外求学，我每天可以通过通信软件跟她互动，从问候早安开始，就像一种陪伴，可以带来抚慰。"在他老婆生日时，女儿给他老婆唱生日歌！他感慨："AI既是寄托思念的工具，也是一种对思念的表达方式。"

2024年3月，在一场科技公司年会上，因病去世的公司创始人汤晓鸥以"数字人"形象现身，表演了脱口秀，令人泪目又惊喜。

一时间，元宇宙成为社交网络上的一个"热词"，技术领域的一个"热点"。其实，这就是AI带给我们的可能性。恰如科幻作家威廉·吉布森所言："未来已来，只是尚未普及。"

那你想象过未来的生活是什么样吗？

早晨一睁眼，智能厨房已经贴心地准备好了根据我们的口味和健康情况定制的美味食物；出门上班时，自动驾驶汽车会

提前为我们规划好最优的路线，让我们轻松抵达目的地；在公司，智能助理会高效为我们处理好大部分的事务，让我们专注工作；下班后，虚拟现实和增强现实让我们进入一个充满惊喜与乐趣的新世界……

今天，站在智能世界的入口，你想象过未来的世界会是什么样吗？接下来，我们从元宇宙、数字能源以及星际移民来畅想一下！

元宇宙是连接虚拟和现实，还是更加割裂虚拟与现实？

"元宇宙"译自英文"Metaverse"，最早出自尼尔·斯蒂芬森于1992年出版的后现代科幻小说《雪崩》(*Snow Crash*)。

元宇宙是人类创造出来的一种虚拟世界，是与我们现实世界平行存在的。简单说，就是与现实世界平行的虚拟世界。

2021年可以说是"元宇宙元年"：

3月，美国在线创作游戏公司Roblox（罗布乐思）在美国纽约证券交易所上市，首日市值超过380亿美元，被称为"元宇宙第一股"。

8月，芯片巨头英伟达推出为元宇宙打造的基础模拟平台Omniverse。Omniverse定位为"工程师的元宇宙"，是一个易于扩展的开放式平台，专为虚拟协作和物理级准确的实时模拟打造。

8月29日，字节跳动以15亿美元（约合96亿元人民币）收购国内VR软硬件研发制造商Pico（北京小鸟看看科技有限公司），入局元宇宙。

10月，Facebook正式更名为Meta，专注构建元宇宙。创始人马克·扎克伯格认为，元宇宙就是下一个互联网，立志在5年内从一家互联网公司转型为元宇宙公司。

11月，微软CEO萨提亚·纳德拉宣布全面进军元宇宙，并计划于2022年将旗下的虚拟体验平台Mesh引入办公软件系统Microsoft Teams，打造"企业版元宇宙"。

阿里巴巴、腾讯、网易、华为等国内企业也纷纷加码元宇宙布局。

在元宇宙里，我们可用自己的虚拟形象，随心所欲地与朋友和家人聚在一起，工作、学习、玩耍、购物；也可以随时随地切换身份，自由穿梭于现实世界和虚拟世界。简单来说，元宇宙是可用于开展会议、游戏和社交的虚拟空间。

李开复所著的《AI未来进行式》中的故事《偶像之死》，对元宇宙的特点和应用就进行了形象化描述：

这是博嗣X的告别演唱会。

站在海浪般汹涌的人潮中，爱子仰望着舞台中央那个闪亮的身影。她不知该如何准确描述自己的感受。感动？渴望？恐惧？也许兼而有之。

音乐突然停下。博嗣背后大屏幕上的场景从绚烂的星空切换到现场观众席。镜头快速移动,似乎在搜寻目标。无数张雀跃的、激动的、潮湿的面孔进入画面,爆发尖叫,又迅速消失。

镜头终于停了下来,聚焦在一张茫然的脸上。对于这样一个激动人心的场合来说,这张脸平庸得有点过分了。

爱子终于意识到那是自己的脸。

"爱子小姐,就是你。"

我这是在做梦吗?当着千万观众的面,听到自己的名字从偶像口中被念出,这种感觉实在是有些超现实。爱子一脸慌乱,四处张望,不知该做什么表情合适。

"爱子小姐,可不可以请你到台上跟我一起合唱呢?"

场馆里响起了带有节奏感的掌声,一浪高过一浪,那是人们的鼓励。可爱子却像被施了魔法,身体一动也不动。

"爱子小姐?难道你不愿意吗?"博嗣君的声音竟然有些伤心。

爱子尖叫着从梦里醒来。她的胸口剧烈起伏,她不得不做几次深呼吸来缓和心跳。果然还是一场梦啊。她打开床头小灯,坐了起来。自从见过那位黑袍老妇人之后,她这几天都心神不宁,寝食难安……

元宇宙具有沉浸感、参与度、实时互动等特点。我们借助

VR、AI、AR（Augmented Reality）等打开元宇宙的一扇窗，就可以让我们对未来世界的想象照进现实。

AR即增强现实，该技术通过计算机算法将文字、图像、3D模型、视频等虚拟信息叠加到真实世界的环境中，用户可以借助镜片等介质"观看"其所处的世界，从而拥有"超现实"的感官体验，实现对现实世界的"增强"作用。

也就是说，**元宇宙能给我们带来从平面视觉、听觉体验到更丰富的交互式立体体验**，包括视觉、听觉、触觉、味觉、嗅觉等多感官维度。

然而，个体对元宇宙的过度沉溺有可能带来虚拟身份与现实身份的割裂，引发身份认同危机问题。当虚拟世界中的体验感比现实世界中的体验感更好时，现实世界中的肉体生活就会与虚拟世界中的精神生活产生割裂。

例如，在元宇宙中，因为数字替身的虚拟特性，同一个人可能会被允许同时有多名配偶，可是这种伦理观念一旦被移植入现实世界，就很可能颠覆我们人类在长期历史实践中形成的共识。

元宇宙让真实和虚幻之间的界限变得模糊，给现有法律法规带来了挑战。而且它还让我们不再只是处于互联网时代的信息泡沫中，而是处于我们自己定制的现实中，让我们分辨不清什么是真实，什么不是。

而且广告商和第三方也会通过针对性地推送给我们新闻和广告，获取我们的"大数据"，偷窥我们的需求，使得我们的世界被控制着。这样一来，元宇宙更加割裂了虚拟与现实，让世界变得更加极端化。

要想让元宇宙跨越现实与虚拟的"裂谷"，这就要求社会、政策制定者以及企业携手合作，在虚拟和现实间找寻平衡，做到兼顾科技进步与人文关怀。

数字能源：迈向"丰饶时代"，人类不再为生存需求担忧？

未来10年，我们将进入数字能源时代，全面推进低碳化、电气化、智能化转型。

解绑化石能源依赖，全面进行能源结构变革，是推进碳中和进程，应对气候危机最关键的举措之一。光伏、风电等新型可再生能源已经进入商业化拐点，电力电子技术和数字化技术正深度融合，形成一朵"能源云"，实现整个能源系统的"比特管理瓦特"。

预计到2030年，在能源生产侧，风光新能源成为主力电源之一，可再生能源占全球发电总量比例的50%，其中光伏度电成本将低至0.01美元，装机超过3000GW；在能源消费侧，终端电气化率将超过30%，电动汽车占新车销量的比例将超过50%，保有量超过1.5亿辆，超过80%的数字基础设施将采用绿能供电。

这是 2019—2021 年，华为研究团队与业界 1000 多名学者、客户、伙伴广泛交流，组织了 2000 多场研讨会，参考了各方面权威机构的数据，以及科学杂志的线索等，集业界、华为自身专家的智慧，共同输出了面向未来的思考。

国际能源署的《数字化与能源》也预测，数字技术的大规模应用将使油气生产成本减少 10%～20%，在 2040 年，太阳能光伏发电和风力发电的弃电率将从 7% 降至 1.6%，从而减少 3000 万吨二氧化碳排放。

可见，清洁能源革命不仅能大幅降低全世界的电力成本，也会解决全球日益加剧的气候变化问题。

到 2035 年、2050 年将分别使全社会平均度电价格降低 0.06 元、0.12 元，每年减少用能成本 7000 亿元、1.7 万亿元，让企业和千家万户用上清洁电、便宜电，让全体人民共享能源变革的红利。[1]

未来，在 AI、5G、云计算、区块链等技术加持下，能源、材料与生产力变得唾手可得，人类也将迎来真正意义上的"丰饶时代"。在这个时代，物质将不再稀缺，人们能够轻松获取生活所需的一切，无需再为资源和金钱而忧虑。

正如科幻作品《星际迷航经济学：科幻、经济学和未来世

---

[1] 刘振亚《建设我国能源互联网 推进绿色低碳转型》

界》所描述的未来世界：

21～24世纪，科技高度发达，经济丰裕。所有人都能够轻易、免费地得到生活所需的一切必需品，人们无需担心温饱，也不必再为钱发愁。没有什么资源是稀缺的。正如皮卡德船长所言："我们已经不再沉迷于积累财富，远离了饥饿和贫穷，对物质无欲无求。"

在"丰饶时代"，我们将生活得更有质量、食物更充足、上班的路不用再担心拥堵；重复的、危险的工作交给机器，我们能安全、放心地享受数字服务……

让我们拭目以待吧！

星际移民：8年后，人类能登陆火星，成为跨星球物种吗？

2024年1月11日，马斯克在SpaceX公司年度演讲提出，8年之后世界会是什么样子呢？我想我们已经把人类送上了月球。如果幸运的话，也许我们会在8年内把人类送上火星。我认为，人类文明的关键考验是：我们能否通过费米和大过滤器[①]，从单行星文明转变为多行星文明。

---

① 大过滤器理论（Great Filter）是由美国经济学家罗宾·汉森（Robin Hanson）提出的，用来解释费米悖论。费米悖论是指如果宇宙中存在大量的智慧生命，那么为什么我们还没有发现他们的任何证据？难道我们是宇宙中唯一的智慧生命吗？

按照马斯克的说法，未来8年，也就是2032年前后，人类可能会实现登陆火星的愿望。其实，这不是马斯克第一次在公开场合提到人类登陆火星的时间。2023年12月末，他还在社交媒体写道：美国需要在2033年登上火星。

为何人类如此迫切地想要实现星际移民？背后的驱动力在于"核能150年魔咒"的警示。这个魔咒指出，任何一种文明生物在发现并利用核能后150年，如果还无法实现多行星居住或上传保存该文明生物的意识，那么就可能面临自我毁灭的风险。就是说，核能技术不会自动毁灭人类，但人本性中的贪与恶，在核能背景下却可能引发整个人类种群的毁灭。

从1905年爱因斯坦提出质能方程开始算，人类发现核能至今已经快120年了；从1945年美国原子弹爆炸成功开始算，至今也快80年，如果150年的人类自我反噬说法成立，时间真的非常紧迫了。

笔者个人认为，这个150年不是一个"实数"，但这个数依然有参考价值。随着地球人口进入"80亿时代"，而且未来还有可能突破100亿大关，人类对物质生活的需求也在不断增长，这样肯定会进一步消耗地球有限的资源。等到地球的资源枯竭，那时人性中的贪与恶就很可能会让核战变成现实。

那人类的未来在哪里？成为跨星球物种，移居到其他星球生活，成为人类寻求生存与延续的必由之路。

据记载，宇宙大约有138亿年的历史，地球有45亿年的历史，而人类文明的起始点是从第一个文字诞生开始的，至今仅约5500年。人类文明就像是很小的一部分，这意味着人类文明很可能转瞬即逝，因此很需要延展到其他行星，保住这盏人类文明之光。

人类要想在其他星球上繁衍、生存下去，让人类文明永续，需要做到两点：第一，找到合适的星球；第二，有足够快的飞船。

根据哈勃望远镜的观测结果，宇宙中大概有100万亿亿个类似太阳的恒星，目前共发现了约20颗可能宜居的系外行星。但是它们是地外行星，距离地球非常遥远。哪怕离我们最近的地外行星，以人类现在的技术，也需要数万年的时间才能抵达。

地球的孪生兄弟火星在体积、质量、密度等方面和地球非常相似，而且也有丰富的水冰资源。更重要的是，火星有适宜的气压和氧气含量，一天的时长与我们地球几乎一样，昼夜温差也较小，重力为地球的三分之一。这些条件使人类在火星生存具有可能性。

马斯克表示，他计划建造超过1000艘星舰飞船，建立地球和火星之间周期性的运输航班。到2050年，把100万人送上火星，建立人类的"第二根据地"，让人类文明实现永续。

火星移民的最大价值是为人类文明留下一个"备份",让人类文明能延续下去。当我们在火星上建立了稳定的人类社区,也就标志着我们人类向着跨星球物种迈出了坚实的一步。但是,笔者认为,要想8年后登陆火星,还需要应对许多挑战和难题,哪怕是目前航天科学技术取得了很大进展。

中国航天也在星际移民上不断尝试:从"一穷二白"到建设空间站、"嫦娥"系列探月工程和"天问"系列行星探测任务,再到如今"近邻宜居行星巡天计划":选择距离我们大约32光年远的、类似地球的宜居行星,进行探索。笔者相信,中国未来很有可能成为第一个实现星际移民的国家。

假如星际移民成为现实,你愿意前往火星或其他星球生活吗?